中国授权

农业植物新品种 2013

- 农业部植物新品种保护办公室
- 农业部科技发展中心 编著

中国农业科学技术出版社

图书在版编目（CIP）数据

中国授权农业植物新品种. 2013 / 农业部植物新品种
保护办公室，农业部科技发展中心编著. —北京：中国农业
科学技术出版社，2014.11
ISBN 978-7-5116-1541-1

Ⅰ. ①中… Ⅱ. ①农… ②农… Ⅲ. ①品种 - 中国 -2013
Ⅳ. ① S329.2

中国版本图书馆 CIP 数据核字（2014）第 248722 号

责任编辑　李　雪
责任校对　贾晓红

出　　版　中国农业科学技术出版社
　　　　　北京市中关村南大街 12 号　　邮编：100081
电　　话　（010）82109707　82106626（编辑室）
　　　　　（010）82109702（发行部）　　（010）82109709（读者服务部）
传　　真　（010）82106650
网　　址　http://www.castp.cn
经　　销　各地新华书店
印　　刷　中印集团数字印务有限公司
开　　本　787 mm × 1092 mm　1/16
印　　张　10.5
字　　数　176 千字
版　　次　2014 年 11 月第 1 版　2014 年 11 月第 1 次印刷
定　　价　80.00 元

━━◄◆◆ 版权所有·翻印必究 ◆◆►━━

《中国授权农业植物新品种 2013》

编委会

主　　任　张延秋

副主任　段武德　杨雄年　马淑萍　刘　平

委　　员（按姓氏笔画排序）

　　　　　　吕　波　吕小明　杨　坤　杨　洋

　　　　　　邹　奎　张新明　陈　红　饶智宏

　　　　　　唐　浩　崔野韩

编写人员

主　　编　杨雄年

执行主编　刘　平

副主编　崔野韩　陈　红　唐　浩

编写人员（按姓氏笔画排序）

　　　　　　马海鸥　王立平　邓　超　卢　新

　　　　　　付深造　许晓庆　杨　扬　杨　坤

　　　　　　杨旭红　宋凤祥　张新明　胡桂金

　　　　　　侯耀华　饶智宏　徐　岩　堵苑苑

　　　　　　董　也　温　雯

前　言

　　中国植物新品种保护制度建立 17 年来，制度体系日趋完善，审查测试能力不断提高，受保护的植物种属范围稳步扩大，来自国内外的申请量快速增加。截至 2013 年末，农业植物新品种权申请量已达 11 710 件，年度申请量位居国际植物新品种保护联盟成员前列，授权总量达 4 018 件。授权品种的推广应用，为现代种业发展、国家粮食安全做出了突出贡献。

　　为了宣传我国育种工作者、科研教学单位和种子企业取得的丰硕成果，促进授权品种推广应用，我们编辑出版《中国授权农业植物新品种 2013》一书。本书是《中国授权农业植物新品种 1999—2012》的延续，收录了 2013 年度 138 个授权品种的植物种属、品种名称、品种权号、授权日、品种权人、品种来源、农艺性状、品质测定、抗性表现、产量表现及适宜区域等信息，首次增加了授权品种的全彩图片。

　　本书信息来源于品种权人、品种权申请文件和官方 DUS 测试报告。在此对提供信息的品种权人、全体测试人员表示衷心感谢！

　　由于时间仓促，书中难免存在纰漏之处，恳请广大读者批评指正。

编　者
2014 年 10 月

目 录

水 稻

玉 米

大　豆

甘　薯

绿　豆

棉　属

甘蓝型油菜

花　生

大白菜

普通结球甘蓝

黄　瓜

普通番茄

茄　子

辣椒属

菜　豆

西葫芦

非洲菊

花烛属

水　稻

Ⅱ优270

品种权号 CNA20070122.3
授权日 2013 年 5 月 1 日
品种权人 福建省农业科学院水稻研究所

品种来源　Ⅱ优 270 是以Ⅱ-32A 为母本，以福恢 270 为父本配组而成的杂交种。

农艺性状　倒数第二叶叶片茸毛密到极密，倒数第二叶叶耳有花青甙显色，抽穗期迟，剑叶直立，柱头紫色，颖尖花青甙显色中，茎秆长，茎节无花青甙显色，剑叶角度直立到半直立，外颖茸毛多，主穗长度中到长，颖尖紫色，穗类型中间型，穗下垂，糙米长度中，糙米半纺锤形，种皮浅棕色，糙米香味无或极弱。

抗性表现　中抗稻瘟病苗瘟、叶瘟、穗瘟，中抗水稻纹枯病，苗期、成株期中抗水稻纹枯病，中抗二化螟、三化螟。

适宜区域　我国长江中下游地区作中稻栽培。

Ⅱ优 270 植株　　　　近似品种

鄂糯10号

品种权号　CNA20070430.3
授　权　日　2013年5月1日
品种权人　湖北省种子集团有限公司

品种来源　鄂糯10号是以香粳Pi为母本，以加44为父本杂交后，经系谱法选择育成的常规品种。

审定情况　鄂审稻2005019

农艺性状　中熟粳糯型晚稻。株型紧凑，叶片浓绿色，剑叶窄短而挺，茎节外露。穗层整齐，穗型半直立，谷粒短圆有顶芒，颖尖紫红色，易脱粒，有香味。区域试验中有效穗25.5万/亩，株高80.1 cm，穗长14.8 cm，每穗总粒数78.8粒，实粒数72.9粒，结实率92.5%，千粒重27.03 g。

品质测定　经农业部食品质量监督检验测试中心测定，出糙率84.1%，整精米率65.1%，直链淀粉含量1.3%，胶稠度100 mm，长宽比1.7，主要理化指标达到国标优质粳糯稻谷质量标准。

抗性表现　高感穗颈稻瘟病，感白叶枯病。

产量表现　2003—2004年区域试验平均亩产487.1 kg，比对照品种鄂粳杂1号增产1.3%。

适宜区域　湖北省稻瘟病无病区或轻病区作晚稻种植。

鄂糯10号植株

鄂糯10号田间群体

宜香 99E-4

品种权号	CNA20070483.4
授权日	2013 年 5 月 1 日
品种权人	四川裕丰种业有限责任公司

品种来源 宜香 99E-4 是以宜香 1A 为母本，以 99E-4 为父本杂交组配而成的中籼迟熟杂交香稻新组合。

审定情况 川审稻 2004016、滇特（文山）审稻 2008001 号、滇特（临沧）审稻 2010028 号、滇特（红河）审稻 2012020 号

农艺性状 株型较松散，分蘖力较强，剑叶中长，穗型中等。株高 125 cm，穗着粒 170～210 粒，结实率 83% 左右，千粒重 29.8 g，有效穗 13 万～17 万 / 亩。株叶形态好，茎秆硬、高抗倒伏，后熟好。

品质测定 糙米率 79.2%，整精米率 62.4%，垩白粒率 21.0%，垩白度 4.1%，透明度 1 级，胶稠度 68 mm，直链淀粉含量 16.3%。

抗性表现 经贵州省抗逆性鉴定试验，感稻瘟病，耐冷性较强。

产量表现 2002 年参加四川省优质稻 D 组区试，平均亩产 536.18 kg，2003 年参加四川省优质稻 A 区组区试，平均亩产 530.13 kg。2001—2002 年在云南省、贵州省、湖北省、重庆市、四川省、河南省等多点示范，一般亩产达 600～650 kg，在云南省、河南省亩产达 700 kg 以上。在 2008 年贵州省引种试验中，黔南州平均亩产 619.4 kg；黔东南州平均亩产 580.7 kg。

适宜区域 汕优 63 种植区种植。

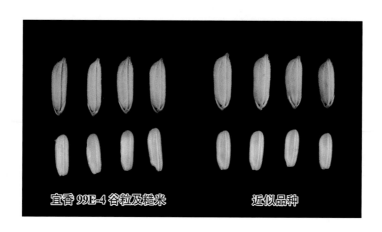

宜香 99E-4 谷粒及糙米　　　　近似品种

农华优5365

品种权号　CNA20070497.4
授 权 日　2013年5月1日
品种权人　江西农嘉种业有限公司

品种来源　农华优5365是以金23A为母本，以远恢565为父本杂交组配而成的杂交种。

审定情况　赣审稻2006046

农艺性状　倒数第二叶叶片茸毛密到极密，倒数第二叶叶耳无花青甙显色，抽穗期中到迟，剑叶角度直立到半直立，花粉完全可育，柱头紫色，颖尖花青甙显色中，茎秆中到长，茎节无花青甙显色，剑叶角度平展到披垂，外颖茸毛多，主穗长度中到长，颖尖紫色，穗类型中间型，穗立形状下垂，糙米长度中到长，糙米纺锤形，种皮浅棕色，糙米香味无或极弱。

抗性表现　中抗稻瘟病苗瘟、叶瘟、穗瘟，苗期及成株期感水稻纹枯病，感二化螟、三化螟。

适宜区域　长江中下游流域或西南稻区作中稻和迟熟晚稻栽培，在华南的广东省、广西壮族自治区、福建省可作早、晚两季栽培。

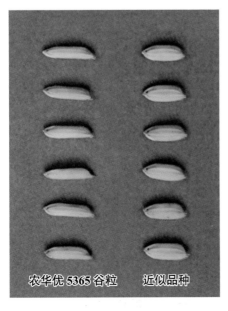

农华优5365谷粒　近似品种

农华优5365植株　近似品种

临稻 16

品种权号	CNA20070511.3
授权日	2013 年 5 月 1 日
品种权人	张有全　张民阁

品种来源　临稻 16 是以临稻 11 号为母本，以淮稻 6 号为父本杂交后，经系统选育而成的常规品种。

审定情况　鲁农审 2009028 号

农艺性状　中晚熟品种。区域试验结果平均：全生育期 150 天，有效穗 25.0 万／亩，株高 101.5 cm，穗长 14.0 cm，每穗总粒数 102 粒，结实率 92.1%，千粒重 27.8 g。

品质测定　2006 年经农业部稻米及制品质量监督检测中心（杭州）分析结果为：稻谷出糙率 86.0%，精米率 77.6%，整精米率 76.1%，垩白粒率 26%，垩白度 2.1%，直链淀粉含量 18.0%，胶稠度 78 mm，米质符合三等食用粳稻标准。

抗性表现　2006 年经中国水稻研究所抗病性鉴定，感穗颈瘟，抗白叶枯病。田间调查条纹叶枯病最重点病穴率 15.9%，病株率 2.8%。

产量表现　在山东省水稻品种中晚熟组区域试验中，2006 年平均亩产 599.2 kg，比对照品种豫粳 6 号增产 17.4%；2007 年平均亩产 640.0 kg，比对照品种临稻 10 号增产 0.7%；2008 年生产试验平均亩产 642.6 kg，比对照品种临稻 10 号增产 4.9%。

适宜区域　鲁南、鲁西南地区作为麦茬稻推广利用。

临稻 16 田间群体

春优 59

品种权号　CNA20070698.5
授 权 日　2013 年 5 月 1 日
品种权人　中国水稻研究所
　　　　　浙江农科种业有限公司

品种来源　春优 59 是以春江 16A 为母本，以 CH59 为父本杂交组配而成的籼粳亚种间杂交种。

审定情况　赣审稻 2009029

农艺性状　苗期植株矮壮，移栽后不易败苗，返青快，分蘖力中等，繁茂性较好，抽穗集中，株高 100 ～ 105 cm，茎秆粗壮，株型较紧凑，抗倒伏能力强，脱粒性较好。茎叶挺拔，主茎叶片数 14 ～ 15 叶，叶片上举，剑叶挺，受光态势好，叶色稍深，后期耐寒性较强，成熟期转色好。分蘖力中等，有效穗 16 万～ 18 万 / 亩。穗大粒多，属大穗多粒型。穗长 18 ～ 20 cm，每穗总粒数 155 ～ 170 粒，结实率 80% 左右。谷粒椭圆略长，粒长 6.5 mm，长宽比 2.4，谷粒饱满，谷壳薄、金黄色，稃尖无色、稍有顶芒，千粒重 24 ～ 26 g。

品质测定　据江西省 2007—2008 年米质检测结果，平均糙米率 78.6%，精米率 69.9%，整精米率 65.5%，粒长 6.1 mm，长宽比 2.5，垩白粒率 60.0%，垩白度 7.0%，透明度 1 级，碱消值 5.0，胶稠度 83 mm，直链淀粉含量 15.1%。

抗性表现　据 2007—2008 年江西省晚稻区试稻瘟病抗性鉴定结果，平均穗颈瘟 8 级，穗颈瘟损失率 3.8%。田间种植未见稻瘟病发生，且纹枯病较轻。

适宜区域　江西省作连作晚稻种植。

春优 59 田间群体

春优 59 植株

郑稻 19

品种权号　CNA20070708.6
授权日　2013 年 5 月 1 日
品种权人　河南省农业科学院

品种来源　郑稻 19 是以豫粳 6 号为母本，以郑 90-36 为父本杂交后，经连续 7 代系选育而成。

审定情况　豫审稻 2008001

农艺性状　倒数第二叶叶片茸毛疏，倒数第二叶叶耳无花青甙显色，抽穗期中，剑叶角度直立，柱头白色，颖尖无花青甙显色，茎秆长度中等，茎节无花青甙显色，剑叶直立，外颖茸毛多，主穗长度短到中，颖尖白色，穗类型中间型，穗立形状弯，糙米长度短，糙米椭圆形，种皮浅棕色，糙米香味无或极弱。

适宜区域　黄淮稻区种植，主要包括河南省南北稻区、江苏省淮北地区、山东省南部、安徽省淮北地区和沿淮稻区种植。

郑稻 19 田间群体　　　　　　近似品种

通院 11 号

品 种 权 号　CNA20070711.6
授　权　日　2013 年 5 月 1 日
品 种 权 人　通化市农业科学研究院

品种来源　通院 11 号是以通 98-56 为母本，以秋田小町为父本杂交后，经连续自交 9 代选育而成。

审定情况　吉审稻 2008018

农艺性状　倒数第二叶叶片茸毛疏，倒数第二叶叶耳无花青甙显色，抽穗期早，剑叶直立，柱头白色，颖尖无花青甙显色，茎秆长度中，茎节无花青甙显色，剑叶半直立，外颖茸毛多，主穗长度中等，颖尖白色，穗类型散开，穗立形状下垂，糙米长度短到中，糙米纺锤形，种皮浅棕色，糙米香味无或极弱。

产量表现　可达 8 000 kg/hm² 以上。

适宜区域　吉林省及部分北方稻区活动积温在 2 700 ～ 2 800℃的稻区种植。

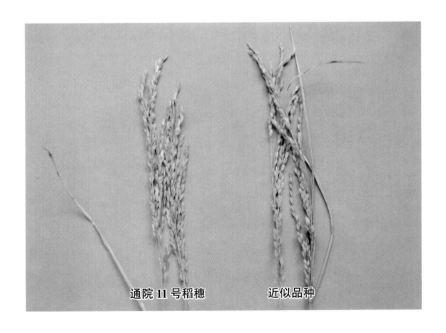

通院 11 号稻穗　　　　　　近似品种

方欣 4 号

品种权号　CNA20070809.0
授 权 日　2013 年 5 月 1 日
品种权人　河南农业大学

品种来源　方欣 4 号是以武育粳 3 号为母本，以白香粳为父本杂交后，经连续 5 代系统选育而成。

审定情况　豫审稻 2008002

农艺性状　中晚熟香粳稻。全生育期叶色浓绿，分蘖力中等，成株期株高 100 cm 左右，株型较紧凑，茎秆坚韧，抗倒能力较强。穗长 15 cm 左右，抽出度较好，稻穗紧凑、籽粒密集、半直立，平均每穗粒数 119.1 粒，结实率平均 81.4%，千粒重平均 24.4 g，谷粒长、宽中等、籽粒具香味。全生育期 159 天左右。

品质测定　2009 年经农业部食品质量监督检验测试中心（武汉）品质分析检测：糙米率 84.8%，整精米率 76.8%，垩白粒率 16%，垩白度 1.7%，直链淀粉 15.2%，胶稠度 74 mm，粒长 5.2 mm，米质达部颁二级优质米标准。

抗性表现　对稻瘟病菌种 ZB13、2A5、2C5、ZE3、ZF1、ZG1、ZD5 免疫，高抗穗颈瘟，中抗白叶枯菌株 PX079、JS-49-6，抗 KS-6-6 病，抗纹枯病，中感浙 173。

产量表现　2006 年河南省区试，平均亩产稻谷 537.1 kg，比对照品种豫粳 6 号增产 0.6%。2007 年河南省生产试验，平均亩产 499.9 kg，比对照品种豫粳 6 号减产 1.3%。

适宜区域　河南省沿黄稻区和南部籼改粳区种植。

方欣 4 号田间群体

方欣 4 号植株

辽 5216A

品种权号　CNA20080023.X
授 权 日　2013 年 5 月 1 日
品种权人　辽宁省稻作研究所

品种来源　辽 5216A 是以 BT 型细胞质不育系黎明 A 为母本，以通过人工制保，在珍珠粳 /8467 后代中选育具有高柱头外露率、株型理想、优质、高抗的保持系 5216B 为父本，回交转育而成的三系不育系。

审定情况　2007 年通过辽宁省级成果鉴定。

农艺性状　生育期 155 天左右，属中熟粳型不育系。茎秆韧性强，株高 110 cm，分蘖力强，成穗率高，每穴有效穗数为 15 个，平均穗粒数 160 粒左右，散穗型，穗长 22～24 cm，千粒重 26 g 左右。颖壳黄白色，粒型较长，有稀短芒，米质优。叶色淡绿，平均叶片数 15.7 片。开颖角度大，柱头大且外露率高，闭颖柱头外露率为 30.5%，自然异交结实率 37.8%，不育株率 100%，自交结实率为 0%。

品质测定　据农业部稻米及制品质量监督检验测试中心测定，出糙率 86.8%，整精米率 64.3%，垩白粒率 8%，垩白度 1.5%，透明度 1 级，碱消值 7.0 级，直链淀粉含量 15.2%，胶稠度 85 mm，蛋白质含量 8.6%，谷粒长宽比 2.1。

抗性表现　抗病性好，高抗白叶枯病、稻瘟病和稻曲病，但注意防治螟虫为害。

适宜区域　辽宁省东港、大连、营口、盘锦、鞍山、辽阳、沈阳、锦州等市，京、津、鲁、豫及宁夏、新疆等地区种植。

辽 5216A 植株　近似品种

辽 5216A 稻穗　近似品种

连嘉粳1号

品种权号　CNA20080182.1
授 权 日　2013 年 5 月 1 日
品种权人　连云港市农业技术推广中心

品种来源　连嘉粳 1 号是以秀水 405 变异株为基础材料，经系统选育 8 代而成的常规种。

审定情况　国审稻 2003073

农艺性状　粳型常规稻品种。在黄淮地区种植全生育期平均 154.3 天。株高 107.2 cm，分蘖力中等，株型紧凑，叶片坚挺不披。有效穗数 22 万 / 亩，每穗总粒数 150.5 粒，结实率 85.1%，千粒重 25.4 g。

品质测定　整精米率 70.4%，垩白米率 18%，垩白度 1.6%，胶稠度 88 mm，直链淀粉含量 16.5%。米质较优，达国标优质米 2 级标准。

抗性表现　中抗稻瘟病，苗瘟 3 级，叶瘟 1 级，穗颈瘟 3 级。

产量表现　2001 年参加北方稻区国家水稻品种区域试验，平均亩产 615.6 kg；2002 年续试，平均亩产 627.8 kg；2002 年生产试验平均亩产 569.0 kg，比对照品种豫粳 6 号增产 3.4%。

适宜区域　江苏省、安徽省的北部，河南省沿黄稻区，山东省南部以及陕西省关中地区作一季中稻种植。

连嘉粳 1 号田间群体

涪恢 9802

品种权号　CNA20080193.7
授 权 日　2013 年 5 月 1 日
品种权人　重庆市涪陵区农业科学研究所

品种来源　涪恢 9802 是以 92094 为母本，以涪恢 9303 为父本杂交后，经自交 14 代选育而成的恢复系。

农艺性状　倒数第二叶叶片茸毛疏，倒数第二叶叶耳无花青甙显色，抽穗期迟，剑叶直立，柱头白色，颖尖无花青甙显色，茎秆长度中到长，茎节无花青甙显色，外颖茸毛中到多，最长芒的长度短，主穗长度中到长，颖尖浅黄色，穗散开，穗立形状弯，糙米长度长，糙米半纺锤形，种皮白色，糙米香味无或极弱。

适宜区域　平均气温稳定在 12℃以上达 150 天的地区种植，如长江流域及其以南的地区。

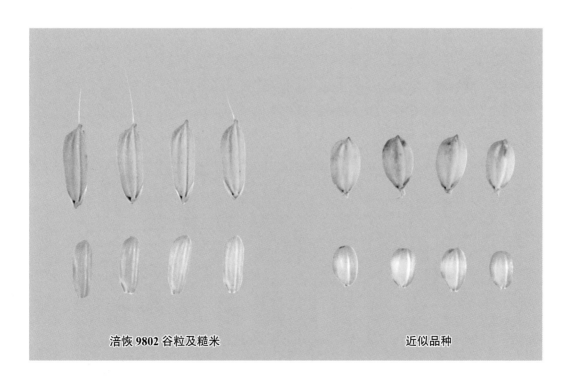

涪恢 9802 谷粒及糙米　　　　　　　　近似品种

绵香 576

品种权号　CNA20080215.1
授　权　日　2013 年 5 月 1 日
品种权人　四川省原子核研究院

品种来源　绵香 576 是以绵香 1A 为母本，以辐恢 576 为父本配组而成的。

审定情况　川审稻 2006003、滇特（红河）审稻 2010020 号、滇特（版纳）审稻 2010030 号、滇特（玉溪）审稻 2011001 号

农艺性状　全生育期 151.4 天。株高 123.5 cm，株型适中，剑叶较直，谷粒黄色，个别谷粒顶端有短芒，长粒，颖尖、叶鞘、叶环、叶缘、叶尖有色。有效穗 15.16 万 / 亩，穗长 25.7 cm，每穗平均着粒 158.3 粒，结实率 76.2%，千粒重 29.7 g。

品质测定　糙米率 80.6%，精米率 72.4%，整精米率 48.1%，粒长 6.8 mm，长宽比 2.9，垩白粒率 37%，垩白度 8.5%，透明度 1 级，碱消值 4.8 级，胶稠度 72 mm，直链淀粉含量 15.8%，蛋白质含量 10.3%。

抗性表现　稻瘟病抗性鉴定：2004 年叶瘟 4、4、4、5 级，颈瘟 1、3、5、5 级；2005 年叶瘟 2、6、6、8 级，颈瘟 1、3、5、7 级。

产量表现　2004—2005 年平均亩产 517.9 kg，比对照品种汕优 63 增产 4.75%。2005 年生产试验平均亩产 526.78 kg，比对照品种汕优 63 增产 5.92%。

适宜区域　四川省平坝和丘陵地区作一季中稻种植。

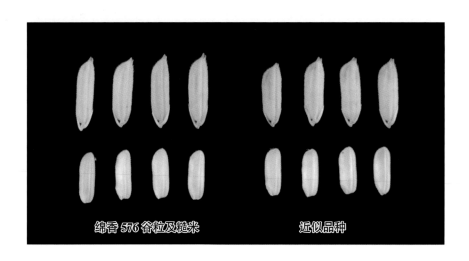

绵香 576 谷粒及糙米　　　　近似品种

双辐 A

品种权号　CNA20080216.X
授 权 日　2013 年 5 月 1 日
品种权人　四川达丰种业科技有限责任公司
成都南方杂交水稻研究所

品种来源　双辐 A 是以辐 76A 为母本，以 Ⅱ -32B 经两次辐射诱变育成的双辐 B 为父本杂交后，经连续 6 代回交转育而成的籼野败型不育系。

农艺性状　倒数第二叶叶片茸毛中到密，倒数第二叶叶耳有花青甙显色，抽穗期中到迟，剑叶直立，花粉败育，为典败型不育花粉，柱头紫色，颖尖花青甙显色中，茎秆长度短到中，茎节有花青甙显色，外颖茸毛中到多，最长芒长度极短，主穗长度中到长，颖尖棕色，穗类型中间型，穗半直立，糙米长度中到长，种皮白色。

适宜区域　四川省及南方杂交中稻地区种植。

双辐 A 植株　　近似品种

双辐 A 谷粒　　近似品种

NR396

品种权号　CNA20080266.6
授 权 日　2013 年 5 月 1 日
品种权人　四川达丰种业科技有限责任公司
　　　　　成都南方杂交水稻研究所

品种来源　NR396 是以糯恢 1 号为母本，以辐恢 838 为父本杂交后，经自交 6 代选育而成。

农艺性状　全生育期 145 天左右。株高 120 cm，分蘖力强，有效穗 15 ～ 16 万 / 亩，穗长 27 cm，柱头、稃尖紫色，每穗平均着粒 160 粒，结实率 85%，千粒重 29 g。

品质测定　糯性，米粒乳白色，出糙率 79%，整精米率 5.0%，胶稠度 100 mm，直链淀粉含量 2.2%。

抗性表现　稻瘟病抗性鉴定综合评价 7 级，大田种植轻感纹枯病。抗倒伏，苗期耐寒性强。

产量表现　两年区试平均产量 528.4 kg/ 亩，比对照品种胜泰 1 号增产 18.73%。大田种植一般产量 550 ～ 600 kg/ 亩，与同熟期的非糯杂交稻产量相当。

适宜区域　在重庆市、四川省一季中稻区一季南方各省种植 II 优 838 的地区种植。经试验和引中示范目前已在四川省、重庆市、贵州省、陕西省、湖北省、湖南省、河南省信阳市以及江西省等部分地区推广种植。

NR396 田间群体

NR396 稻穗　　近似品种

澄糯 218

品 种 权 号　CNA20080269.0
授 权 日　2013 年 5 月 1 日
品 种 权 人　江阴市农业技术推广中心

品种来源　澄糯 218 是以苏御糯为基础材料，经自交 8 代选育而成的常规种。

审定情况　苏审稻 200913

农艺性状　倒数第二叶叶片茸毛疏，倒数第二叶叶耳无花青甙显色，抽穗期迟到极迟，剑叶直立，柱头白色，颖尖花青甙显色无或极弱，茎秆长度中，茎节无花青甙显色，外颖茸毛极多，主穗长度中，颖尖浅黄色，穗类型密集，穗立形状弯，糙米长度短，糙米椭圆形，种皮浅棕色，糙米香味无或极弱。

适宜区域　江苏省沿江、太湖稻区中上等肥力条件下种植。

澄糯 218 植株　　近似品种

澄糯 218 谷粒　　近似品种

苏秀 10 号

品种权号　CNA 20080435.9
授 权 日　2013 年 5 月 1 日
品种权人　浙江省嘉兴市农业科学研究院（所）
　　　　　东海县守俊水稻研究所
　　　　　连云港市苏乐种业科技有限公司

品种来源　苏秀 10 号是以（秀水 09 × 丙 00-502）F_1 为母本，以秀水 09 为父本回交后，经花药培养选育而成的常规种。

审定情况　国审稻 2010045、豫审稻 2010003

农艺性状　倒数第二叶叶片茸毛疏，倒数第二叶叶耳无花青甙显色，抽穗期迟，茎秆长度中，茎节无花青甙显色。柱头白色，颖尖花青甙显色无或极弱，剑叶半直立，外颖茸毛极多，颖尖浅黄色，主穗长度短到中，穗立形状弯。糙米长度短，糙米椭圆形，种皮浅棕色，糙米香味弱。

抗性表现　抗条纹叶枯病。

适宜区域　江苏省、安徽省、河南省、山东省、陕西省、浙江省等区域作中粳稻或晚粳稻栽培。

苏秀 10 号田间群体　　　近似品种

苏秀 10 号谷粒　　　近似品种

七桂 A

品种权号　CNA20080535.5
授　权　日　2013 年 5 月 1 日
品种权人　杨清华

品种来源　七桂 A 是以 Y 华农 A 为母本，以 [（七桂早 25 号 × 水晶占）F_2 × 小粒特特普] F_7 为父本杂交后，经连续 12 代回交转育而成的三系不育系。

农艺性状　倒数第二叶叶片茸毛疏，倒数第二叶叶耳无花青甙显色，抽穗期中，剑叶直立，茎秆长度中到长，茎节无花青甙显色。花粉不育度败育，典败型不育花粉，柱头紫色，颖尖无花青甙显色，柱头总外露率中到高，外颖茸毛中，主穗长度中到长，颖尖紫色，穗类型中间型，穗立形状弯。糙米长度短，糙米半纺锤形，种皮浅棕色，糙米香味无或极弱。

适宜区域　广东省、广西壮族自治区、海南省双季稻区作早晚两季种植，所配杂交组合适合北纬 24° 以南作早晚两季，长江流域以南作中稻栽培。

七桂 A 植株　　　　　近似品种

川香优 727

品种权号	CNA20080629.7
授 权 日	2013 年 5 月 1 日
品种权人	四川省农业科学院作物研究所

品种来源　川香优 727 是以川香 29A 为母本，以成恢 727 为父本杂交组配而成。

审定情况　湘审稻 2010026

农艺性状　倒数第二叶叶耳有花青甙显色，剑叶直立，抽穗期迟。外颖颖尖花青甙显色中，柱头紫色。茎秆长度长，茎节有花青甙显色。主穗长度中到长，小穗外颖茸毛密度中到密，穗姿态轻度下弯，穗分枝半直立。糙米长度长，糙米纺锤形，糙米颜色白色，糙米香味无或极弱。

适宜区域　南方稻区作中籼种植。在川南地区 2 月底～ 3 月上旬播种，川中、川西地区 3 月下旬～ 4 月上旬播种。

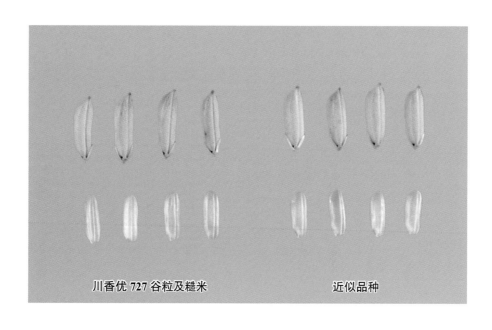

川香优 727 谷粒及糙米　　　　　　　近似品种

成恢 727

品种权号　CNA20080630.0
授 权 日　2013 年 5 月 1 日
品种权人　四川省农业科学院作物研究所

品种来源　成恢 727 是以成恢 177 为母本，以蜀恢 527 为父本杂交后，经系谱法连续自交 14 代选育而成。

农艺性状　倒数第二叶叶片茸毛疏到中，倒数第二叶叶耳无花青甙显色，抽穗期中到迟，剑叶直立，柱头白色，颖尖无花青甙显色，茎秆中到长，茎节无花青甙显色，外颖茸毛多，最长芒长度极短，主穗长度中到长，颖尖浅黄色，穗类型散开，穗立形状弯，糙米长到极长，糙米纺锤形，种皮白色，糙米香味无或极弱。

抗性表现　抗稻瘟病苗瘟、叶瘟、病穗瘟，苗期高感水稻纹枯病，成株期感水稻纹枯病，感二化螟、三化螟。

适宜区域　南方稻区作中籼种植。在川南地区 2 月底～3 月上旬播种，川中、川西地区 3 月下旬～4 月上旬播种。

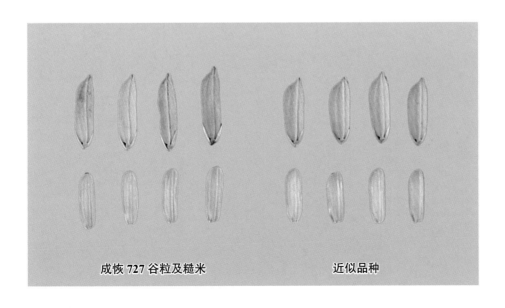

成恢 727 谷粒及糙米　　　　　近似品种

成恢 21

品种权号	CNA20080631.9
授 权 日	2013 年 5 月 1 日
品种权人	四川省农业科学院作物研究所

品种来源 成恢 21 是以成恢 448 为母本，以引进的国外品种 OM997 为父本杂交得到 F₁，再以其为父本，以成恢 448 为轮回母本回交两次，此后经系谱法连续自交 6 代选育而成。

农艺性状 倒数第二叶叶片茸毛疏到中，倒数第二叶叶耳无花青甙显色。抽穗期中到迟，剑叶直立，柱头颜色白色，颖尖无花青甙显色。茎秆长度中等，茎节无花青甙显色。外颖茸毛中，最长芒的长度极短，主穗长度中到长，颖尖浅黄色，穗类型散开，穗立形状弯。糙米长度中到长，糙米纺锤形，种皮白色，糙米香味无或极弱。

抗性表现 抗稻瘟病苗瘟、叶瘟、穗瘟，苗期中感水稻纹枯病，成株期感水稻纹枯病，感二化螟、三化螟。

适宜区域 南方稻区作中籼种植。在川南地区 2 月底~3 月上旬播种，川中、川西地区 3 月下旬~4 月上旬播种。

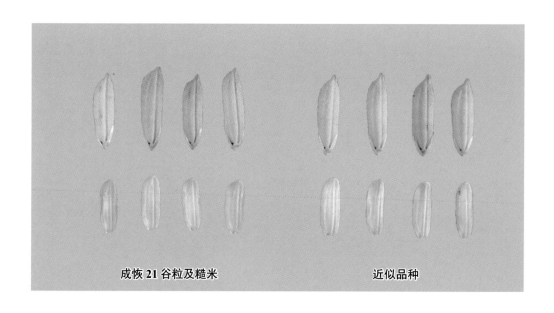

成恢 21 谷粒及糙米　　　　　　　　近似品种

川香 178

品种权号　CNA20080632.7
授 权 日　2013 年 5 月 1 日
品种权人　四川省农业科学院作物研究所
　　　　　四川隆平高科种业有限公司

品种来源　川香 178 是以川香 31A 为母本，以成恢 178 为父本杂交组配而成。

审定情况　川审稻 2007011

农艺性状　倒数第二叶叶片茸毛中，倒数第二叶叶耳有花青甙显色。抽穗期迟，剑叶直立，柱头紫色，颖尖花青甙显色中。茎秆长度中到长，茎节有花青甙显色。外颖茸毛多，最长芒的长度极短，主穗长，颖尖棕色，穗类型散开，穗立形状弯，糙米长，糙米纺锤形，种皮白色，糙米香味无或极弱。

适宜区域　南方稻区作中籼种植。在川南地区 2 月底～3 月上旬播种，川中、川西地区 3 月下旬～4 月上旬播种。

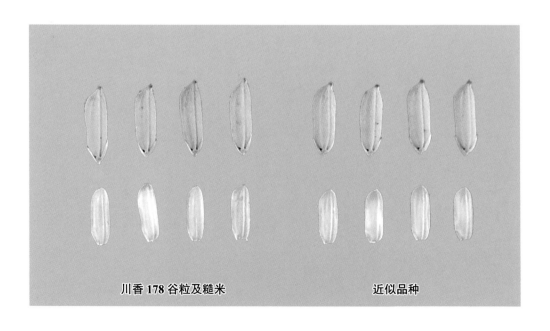

川香 178 谷粒及糙米　　　　　　　　近似品种

泸香 078A

品种权号	CNA20080655.6
授 权 日	2013 年 5 月 1 日
品种权人	四川省农业科学院水稻高粱研究所

品种来源 泸香 078A 是以泸香 90 选为母本，以 K18B 为父本杂交后自交 3 代出选择有香味的优良植株 10326-2-1，再以 K17A 为母本，与其测配得到雄性完全败育的 F_1，此后，以 10326-2-1 株系中选育出的优良植株为轮回父本，经 16 代回交转育而成。

审定情况 2009 年 9 月 7 日通过贵州省品种审定委员会办公室组织的技术鉴定。

农艺性状 繁茂性好，分蘖力强。株高 80 cm 左右；叶鞘、叶舌、叶耳、叶枕、颖尖、柱头均为紫色；穗长 26 cm 左右，每穗着粒数 175 粒左右，长粒型、无芒。不育株率 100%，套袋自交结实率为 0.00%。花粉镜检以典败为主，不育度 100%。可恢性好，柱头外露率 60% 左右，开花习性好，异交习性好，所配组合优势较强。

适宜区域 长江上游稻区平坝和海拔低于 800 m 丘陵地区进行繁殖和制种。

泸香 078A 植株

德香 074A

品种权号　CNA20080656.4
授 权 日　2013 年 5 月 1 日
品种权人　四川省农业科学院水稻高粱研究所

品种来源　德香 074A 是以 K17A 为母本，以"泸香 90B × 宜香 1B"的优良植株回交转育而成的三系不育系。

审定情况　2007 年 8 月 8 日通过四川省农作物品种审定委员会办公室组织的技术鉴定。

农艺性状　株型紧散适中，繁茂性好。主茎叶片 15 叶左右，株高 85 cm 左右；叶鞘、叶舌、叶耳、叶枕、颖尖、柱头均为白色；穗长 24 cm 左右，每穗着粒数 150 粒左右，长粒型、无芒。不育株率 100%，套袋自交结实率为 0.00%。花粉镜检以典败为主，不育度 100%。可恢性好，柱头外露率较高，开花习性好，所配组合优势较强。

适宜区域　长江上游稻区平坝和海拔低于 800 m 丘陵地区进行繁殖和制种。

德香 074 A 植株

丝香1号

品种权号　CNA20080678.5
授 权 日　2013 年 5 月 1 日
品种权人　玉林市农业科学研究所
　　　　　广西兆和种业有限公司

品种来源　丝香 1 号是以丝苗香为母本，以中间材料 608 号为父本杂交后，经自交 8 代选育而成的常规种。其中，608 号是西山香与桂 99 杂交后代中选择的优良株系。

审定情况　桂审稻 2008022 号

农艺性状　倒数第二叶叶片茸毛中，倒数第二叶叶耳无花青甙显色，抽穗期中，剑叶直立，花粉完全可育，柱头浅绿色，颖尖无花青甙显色，茎秆中到长，茎节无花青甙显色，外颖茸毛中，最长芒的长度极短到短，主穗长度中到长，颖尖浅黄色，穗类型中间型，穗立形状下垂，糙米长度中到长，糙米纺锤形，种皮浅棕色，糙米香味无或极弱。

适宜区域　桂南双稻作区种植。

丝香 1 号稻穗　　　　　近似品种

龙粳 30

品种权号 CNA20080780.3
授 权 日 2013 年 5 月 1 日
品种权人 黑龙江省农业科学院水稻研究所

品种来源 龙粳 30 是以龙育 98195 为母本，以上育 418 为父本杂交，此后，经自交 10 代选育而成。其中，母本龙育 98195 是以京 2419 为母本，以延 8866 为父本杂交后，经连续自交 4 代选育而成的。

审定情况 黑审稻 2011003

农艺性状 倒数第二叶叶耳无花青甙显色，剑叶半直立，抽穗期晚，外颖颖尖花青甙显色无或极弱，柱头白色，茎秆长度中，茎节无花青甙显色，主穗长度短到中，小穗外颖茸毛密度中，穗轻度下弯，穗分枝姿态直立到半直立，糙米长度短到中，糙米半纺锤形，种皮浅棕色。

适宜区域 黑龙江省第二积温带种植。

龙粳 30 田间群体　　　　　　近似品种

龙联1号

品种权号　CNA20080782.X
授 权 日　2013 年 5 月 1 日
品种权人　黑龙江省农业科学院水稻研究所
　　　　　黑龙江省莲江口种子有限公司

品种来源　龙联 1 号是以龙粳 2 号为母本，以空育 131 为父本杂交后，经连续 5 代系统选育而成。

审定情况　黑审稻 2010008

农艺性状　倒数第二叶叶耳无花青甙显色，剑叶姿态半直立，抽穗期中到晚，外颖颖尖花青甙显色无或极弱，柱头白色，茎秆长度中到长，茎节无花青甙显色，主穗长度短到中，小穗外颖茸毛密度中，穗轻度下弯，穗分枝直立到半直立，糙米长度极短到短，糙米形状椭圆形，种皮浅棕色。

适宜区域　黑龙江省第二积温带种植。

龙联 1 号谷粒　　　　　　　　　　　　近似品种

G201A

品种权号　CNA20080381.1
授 权 日　2013 年 5 月 1 日
品种权人　四川农业大学

品种来源　G201A 是从冈 46B// 冈 46B/D 香 1B 的后代中选优良植株育成保持系，同时以冈 46A 作胞质供体连续多代回交转育而成的三系不育系。

审定情况　2004 年 8 月通过四川省农作物品种审定委员会办公室组织的田间技术鉴定。

农艺性状　主茎叶片数 12 叶，播种至抽穗历期 75 ～ 80 天。株高 95 cm 左右，株型松散适中，茎秆粗壮，分蘖力中等，叶片在大田前、中期稍微卷曲，抽穗后逐渐转为平展，叶片浓绿色，颖尖紫色，柱头黑色，穗大粒多，千粒重 22 ～ 23 g。花药乳白色，瘦小干瘪，不开裂，花粉败育彻底，育性稳定。多年镜检和套袋自交观察，不育株率 100%，花粉不育度 99.9% 以上，典败花粉 95% 以上，无染败花粉，套袋自交结实率为 0。异交习性好，繁殖和制种产量高。花时较早、较集中，柱头粗大、受粉面积大，柱头活力强。总外露率 75% 以上，其中双外露率 50% 以上。

品质测定　糙米率 81%，精米率 73%，整精米率 60%，垩白粒率 1.5%，垩白度 0.5%，胶稠度 70 mm，直链淀粉含量 13% ～ 15%，米粒油光、半透明。

抗性表现　中感稻瘟病。

适宜区域　南方籼稻区作不育系配置组合种植。

G201A 谷粒　近似品种

G201A 稻穗　近似品种

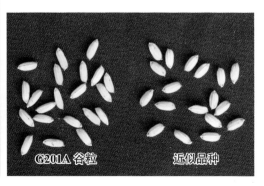
G201A 谷粒　近似品种

<table>
<tr><td rowspan="3">宏 A</td><td>品种权号</td><td>CNA20090530.6</td></tr>
<tr><td>授 权 日</td><td>2013 年 5 月 1 日</td></tr>
<tr><td>品种权人</td><td>湛江神禾生物技术有限公司</td></tr>
</table>

品种来源 宏 A 是以金 23A 为母本，以 [（金 23B/ 梅青 B）×（优 IB/ 枝 B）] F$_4$ 为父本回交转育而成的感温型三系不育系。

审定情况 粤科鉴定 [2006] 第 268 号

农艺性状 株高 88 cm 左右，分蘖力弱，成穗率高。株型紧凑，叶片较长，叶窄、直立、叶片浓绿色。茎秆较粗，叶鞘、稃端为紫色，无芒。穗中等，着粒较密，每穗 103 粒左右，粒型细长，长宽比 3.0，千粒重 21.6 g 左右，颖壳为麻褐色，包颈率 9% 左右。开花习性好，花粉败育彻底，不育性稳定。花药瘦小，水渍状，乳白色，不散粉；花粉典败率 87% 以上，圆败率 13% 以下，极少染败。

品质测定 出糙率 80.9%，精米率 70.9%，整精米率 50.2%，垩白粒率 20%，垩白度 3%，直链淀粉含量 22.6%，胶稠度 50 mm，长宽比 3.1，透明度 1 级，碱消值 5 级，达部颁三级优质米标准。

抗性表现 对测试的广东省稻瘟病菌代表菌株总抗性频率为 93.8%，病区的病圃鉴定为叶瘟一级、穗颈瘟为一级，综合抗性为抗稻瘟病。

产量表现 异交率高，制种产量较高。繁种产量一般可达 160 kg/ 亩。

适宜区域 华南稻作区繁殖制种。

宏 A 植株　　　　　近似品种

建 A

品种权号 CNA20090531.5
授 权 日 2013 年 5 月 1 日
品种权人 湛江神禾生物技术有限公司

品种来源 建 A 是以金 23A 为母本，以［梅青 B×（枝 B× 金 23B）］F₄ 为父本回交转育而成的感温型三系不育系。

审定情况 粤科鉴定［2006］第 269 号

农艺性状 株高 91 cm 左右，分蘖力强，株型紧凑，叶片较窄，稍长、直立、叶色较绿，茎秆较粗。叶鞘、稃端、叶环为紫色，无芒。穗较大，着粒较疏，每穗 123 粒左右，长粒型，长宽比 3.2，千粒重 24.6 g，包颈率 9.6% 左右。不育性稳定，开花习性好。花粉败育彻底，不育性稳定。花药瘦小，水渍状，乳白色，不开裂，不散粉；花粉典败率 93% 以上，圆败率 7% 以下，极少染败。

品质测定 出糙率为80.4%，精米率65.3%，整精米率39.1%，垩白粒率74%，垩白度 11.1%，直链淀粉含量 22.0%，胶稠度 52 mm，粒长 7 mm，长宽比 3.5，透明度 1 级，碱消值 5 级。

抗性表现 中感稻瘟病。对测试的广东省稻瘟病菌代表菌株总抗性频率为 76.5%，病区的病圃鉴定为叶瘟 5 级、穗颈瘟为 7 级。

产量表现 异交率高，制种产量较高。制、繁种产量一般 200 kg/ 亩以上。

适宜区域 华南稻作区繁殖制种。

建 A 谷穗　　　　　　近似品种

凤稻21号

品种权号　CNA20090558.3
授　权　日　2013 年 5 月 1 日
品种权人　大理白族自治州农业科学推广研究院

品种来源　凤稻 21 号是以凤稻 9 号为母本，以合系 34 号为父本进行杂交，经五年 6 代连续定向选育成的高海拔常规粳稻新品种。其中，凤稻 9 号是来源于中丹 2 号 /// 轰早生 //672/716；合系 34 号来源于云系 2 号 / 滇榆 1 号。

审定情况　滇审稻 200720 号

农艺性状　株高 90 cm 左右，剑叶直立，株型好，分蘖力强，耐肥抗倒。有效穗 38 万 / 亩左右，成穗率高，每穗粒数 90 粒左右，结实粒高，千粒重 27 g 左右，丰产、稳产性好。全生育期 185 天左右，熟期适中，耐寒及抗病性强，外观及食味品质好。

品质测定　农业部检测结果为：糙米率 83.1%，精米率 74.5%，整精米率 48.4%，垩白粒率 42%，垩白度 7.8%，直链淀粉含量 16.6%，胶稠度 66 mm，粒长 5.5 mm，长宽比 2.0，透明度 2 级，碱消值 7 级，蛋白质含量 8.4%。

抗性表现　田间诱发抗性为 2 级，抗稻瘟病力强；同年云南省农业科学院粳稻育种中心特性鉴定组鉴定结果为：叶瘟 0 级、1 级，穗瘟 5 级。2005 年多点试验及生产示范推广结果表明，凤稻 21 号田间表现抗稻瘟病、恶苗病、稻曲病。

产量表现　大面积生产一般 570 kg/ 亩。

适宜区域　海拔 1 950 ～ 2 250 m 的高海拔冷凉稻区种植。

凤稻 21 号田间群体

弘恢 248

品种权号　CNA20090561.8
授 权 日　2013 年 5 月 1 日
品种权人　广东天弘种业有限公司

品种来源　弘恢 248 是以 R524 为母本，以青六矮 1 号为父本杂交后，经过连续自交 8 代选育而成的恢复系。

农艺性状　芽鞘色绿色，叶鞘绿色，叶片浅绿色，倒数第二叶叶片长度长、宽度中，倒数第二叶叶尖与主茎的角度直立、叶耳浅绿色、舌长度长、二裂、白色，剑叶叶片正卷。开颖角度小、花药形状饱满、黄色，柱头白色。茎秆长度中长、粗细中，茎秆基部茎节包，茎秆节浅绿色、节间黄色，剑叶叶片长度长、宽度宽、角度直立、主茎叶片数中。穗长度中，穗抽出较好，穗型密集，二次枝梗少，穗立形状下垂，茎秆潜伏芽活力低，颖壳茸毛少，颖尖秆黄色，最长芒极短，每穗粒数中，结实率高，落粒性低，护颖长度短、秆黄色，颖壳秆黄色。谷粒长度中、宽度中，谷粒椭圆形，千粒重中，糙米半纺锤形，种皮浅黄色，恢复力强。

品质测定　出糙率和整精米率高，直链淀粉含量 21% 左右。

抗性表现　大田种植表现抗稻瘟病和抗白叶枯病，在广东省历史稻瘟区表现中感稻瘟病。

适宜区域　广东省除粤北以外地区的早晚季、海南省早晚季及广西桂南地区早晚季种植。

弘恢 248 田间群体　　　　　近似品种

玉 米

双玉 201

品种权号　CNA20070065.0
授 权 日　2013 年 5 月 1 日
品种权人　双辽市双丰种业有限责任公司

品种来源　双玉 201 是以铁 C8605 为母本，以 D30 为父本杂交组配而成。其中，父本 D30 是以吉 853 为母本，以丹 360 为父本杂交后，经自交 6 代选育而成。

审定情况　吉审玉 2007025

农艺性状　散粉期中到晚，抽丝期中到晚，雄穗颖片基部花青甙显色强度无或极弱，雄穗主轴与侧枝夹角小到中，雄穗侧枝轻度下弯，雌穗花丝花青甙显色强度弱，雄穗最高位侧枝以上主轴长度长，雄穗一级侧枝数目少，植株高度高，果穗长度长，果穗锥到筒形，籽粒中间型，籽粒顶端橙黄色，籽粒背面橙色，穗轴颖片花青甙显色强度中。

抗性表现　玉米螟抗性强，大斑病抗性强，小斑病抗性强，茎腐病抗性强，丝黑穗病抗性强。

适宜区域　吉林省中晚熟区种植。

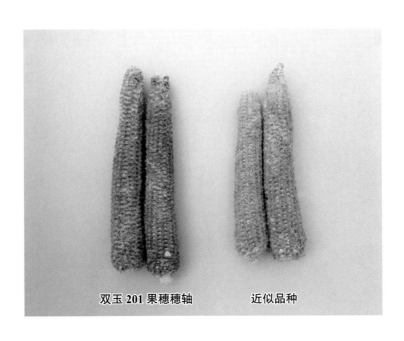

双玉 201 果穗穗轴　　　　　近似品种

稷秭 11

品种权号　CNA20070088.X
授　权　日　2013 年 5 月 1 日
品种权人　吉林省稷秭种业有限公司

品种来源　稷秭 11 是以伊 1002 为母本，以丹 598 为父本杂交组配而成。

审定情况　吉审玉 2006011

农艺性状　散粉期中到晚，抽丝期中到晚，雄穗颖片基部花青甙显色强度无或极弱，雄穗主轴与侧枝的角度中到大，雄穗侧枝轻度下弯，雌穗花丝花青甙显色中，雄穗最高位侧枝以上主轴长度短到中，雄穗一级侧枝数少到中，株高中等，果穗长度中到长，果穗锥到筒形，籽粒中间型，籽粒顶端黄色，籽粒背面橙色，穗轴颖片花青甙显色强度中。

抗性表现　玉米螟抗性强，大斑病抗性强，小斑病抗性强，茎腐病抗性强，丝黑穗病抗性强。

适宜区域　吉林省的中晚熟区、黑龙江省和内蒙古自治区的部分地区均可种植。

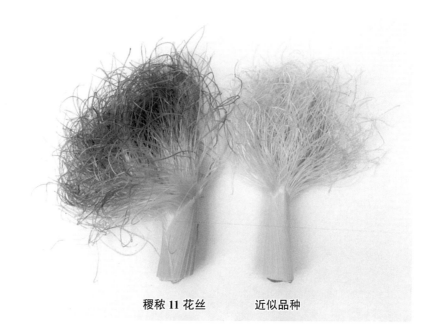

稷秭 11 花丝　　　　近似品种

荆单 8 号

品种权号　CNA20070101.0
授 权 日　2013 年 5 月 1 日
品种权人　湖北荆楚种业股份有限公司
　　　　　四川省农业科学院作物研究所

品种来源　荆单 8 号是以 Y731 为母本，以 095 为父本杂交组配而成。

审定情况　川审玉 2006011

农艺性状　散粉期早到中，抽丝期中，雄穗主轴与侧枝角度中等，雄穗侧枝姿态直，雌穗花丝花青甙显色缺乏或极弱，雄穗最高位侧枝以上主轴长度短到中，雄穗一级侧枝数极多，株高矮到中，果穗长度短到中，果穗中间型，籽粒偏马齿形，籽粒顶端黄色，籽粒背面黄色，穗轴颖片花青甙显色强度弱到中等。

适宜区域　对光温不敏感，西南平坝、丘陵、低山区及其他相似生态区种植。

荆单 8 号果穗及籽粒　　　　　近似品种

吉东 10 号

品种权号　CNA20070146.0
授 权 日　2013 年 5 月 1 日
品种权人　吉林省吉东种业有限责任公司

品种来源　吉东 10 号是以 Dw-23 为母本，以 S34 为父本杂交组配而成。其中，母本 Dw-23 是以 599-20 为母本，以户 835 为父本杂交后，经自交 8 代选育而成；父本 S34 是从丹 340 中发现的变异株经自交 8 代选育而成。

审定情况　吉审玉 2007041

农艺性状　种子籽粒大小中等、黄色、马齿形，百粒重 29.8g。幼苗叶鞘紫色，叶片绿色，株型半紧凑，株高 308cm，穗位 137cm，雄穗分支较多，花药浅紫色，花丝粉色。果穗长筒形，穗长 23.4cm，穗粗 5.7cm，穗行数 18 行，出籽率76.9%。单穗粒重 305g，穗轴粉色，半马齿形，商品品质中上等，百粒重 35.8g。

品质测定　经农业部谷物品质监督检验测试中心（哈尔滨）测定，粗蛋白含量 9.01%，粗脂肪含量 4.50%，粗淀粉含量 72.79%，赖氨酸含量 0.28%，容重713g/L。

抗性表现　经吉林省农业科学院植保所和吉林农业大学鉴定，高抗玉米丝黑穗病、茎腐病，中抗弯孢菌叶斑病和玉米螟，感大斑病。

产量表现　2006 年参加晚熟组区域试验，平均产量 12 116.1kg/hm²，较对照品种登海 9 号增产 16.5%。2006 年参加吉林省生产试验，平均产量 10 449.6kg/hm²，较对照品种登海 9 号增产 10.3%。

适宜区域　吉林省玉米晚熟区域种植。

吉东 10 号田间群体

吉东 10 号果穗及籽粒

吉东22号

品种权号　CNA20070148.7
授 权 日　2013年5月1日
品种权人　吉林省吉东种业有限责任公司

品种来源　吉东22号是以S37为母本，以S34为父本杂交组配而成。其中，母本S37是以沈137为母本，以Mo17为父本杂交后，经自交8代选育而成；父本S34是从丹340中选出籽粒品质好、穗行数少、果穗长、雄穗分枝少且短、熟期晚3天的变异株，经自交8代选育而成。

审定情况　吉审玉2007012

农艺性状　种子籽粒黄色、马齿形，百粒重26.9g。幼苗叶片绿色，叶鞘浅紫色，株型紧凑，株高277cm，穗位114cm。雄穗分枝多，花药紫色，花丝浅粉色。果穗长筒形，穗长22.1cm，穗行数16～18行，单穗粒重275.4，出籽率78.3%。籽粒黄色、马齿形，商品品质中上等，百粒重41.5g。

品质测定　经农业部谷物品质监督检验测试中心（哈尔滨）测定，粗蛋白含量8.72%，粗脂肪含量4.25%，粗淀粉含量74.71%，赖氨酸含量0.27%。

抗性表现　经吉林省农业科学院植保所和吉林农业大学鉴定，中抗茎腐病、大斑病，抗丝黑穗病，感弯孢菌叶斑病、玉米螟。

产量表现　2006年参加中熟组区域试验，平均产量10 624.9kg/hm²，比对照品种四单19增产14.9%。2006年参加吉林省生产试验，平均产量10 642.3kg/hm²，比对照品种四单19增产17.5%。

适宜区域　吉林省玉米中熟区域种植。

吉东22号田间群体

吉东22号果穗及籽粒

吉东 28 号

品种权号　CNA20070149.5
授　权　日　2013 年 5 月 1 日
品种权人　吉林省吉东种业有限责任公司

品种来源　吉东 28 号是以 KX 为母本，以 D22 为父本杂交组配而成。其中，母本 KX 是以德国杂交种 KX551 为母本，以 673 为父本杂交后，经自交 7 代选育而成。

审定情况　国审玉 2007005，蒙认玉 2008029 号

农艺性状　幼苗叶鞘深紫色，叶缘紫色。株型半紧凑，成株叶片数 17 片，株高 270cm，穗位 108cm，花药深紫色，雄穗颖片紫色。花丝绿色，果穗短锥形，穗长 21.0cm，穗行数 16 行左右，穗轴红色。籽粒黄色、硬粒型，百粒重 36.0g。单穗粒重 220.0g，果穗出籽率达 79.6%，平均倒伏率 1.2%。

品质测定　经农业部谷物品质监督检验测试中心（哈尔滨）测定，容重 720g/L，粗蛋白含量 8.54%，粗脂肪含量 4.22%，粗淀粉含量 75.73%，赖氨酸含量 0.24%。

抗性表现　经吉林省农业科学院植保所和黑龙江省农业科学院植保所两年抗病虫接种鉴定，大斑病变幅 5 级，丝黑穗病病株率变幅 0.0% ~ 14.4%，茎腐病变幅 8.3% ~ 31.7%，弯孢菌叶斑病变幅 5 ~ 7 级，玉米螟变幅 4.1 ~ 6.1 级。

适宜区域　辽宁省东部山区、吉林省东部中晚熟区及中熟区、黑龙江省第一积温带、内蒙古自治区赤峰及通辽地区、京津唐夏播区均可种植。

吉东 28 号田间群体

吉东 28 号果穗及籽粒

赛玉 13

品种权号　CNA20070177.0
授 权 日　2013 年 5 月 1 日
品种权人　吉林市宝丰种业有限公司

品种来源　赛玉 13 是以 B113 为母本，以 B144 为父本杂交组配而成。

审定情况　黑审玉 2010018

农艺性状　散粉期晚，抽丝期晚，雄穗侧枝姿态轻度下弯，雌穗花丝花青甙显色强度极弱，雄穗最高位侧枝以上主轴长度中，雄穗一级侧枝数中，株高中等，果穗长度短，果穗中间型，籽粒偏马齿形，籽粒顶端黄色，穗轴颖片花青甙显色强度弱。

抗性表现　玉米螟抗性强，大斑病抗性强，小斑病抗性强，茎腐病抗性强，丝黑穗病抗性强。

适宜区域　吉林省中早熟区种植。

赛玉 13 雄穗　　近似品种

赛玉 13 果穗穗轴　　近似品种

大民 202

品种权号　CNA20070341.2
授 权 日　2013 年 5 月 1 日
品种权人　大民种业股份有限公司

品种来源　大民 202 是以 DM14 为母本，以 DM16 为父本杂交组配而成。其中，母本 DM14 是以黄早四为母本，以哲 951 为父本杂交后，经自交 6 代选育而成；父本 DM16 是以铁 C8605 为母本，以承 350 为父本杂交后，经自交 6 代选育而成。

农艺性状　散粉期中，抽丝期中，雄穗颖片基部花青甙显色强度弱，雄穗主轴与侧枝角度小，雄穗侧枝中度下弯，雌穗花丝花青甙显色强度无或极弱，雄穗最高位侧枝以上主轴长度中到长，雄穗一级侧枝数少，株高矮到中，果穗长度中到长，果穗锥到筒形，籽粒类型中间型，籽粒顶端橙黄色，籽粒背面橙红色，穗轴颖片花青甙显色无或极弱。

抗性表现　中抗玉米大斑病、玉米螟、丝黑穗病，高抗玉米黑粉病、茎腐病。

适宜区域　黑龙江省第二积温带 ≥ 10℃有效积温 2 450℃的区域、适宜东农 250 和四单 19 的区域可大面积种植。

大民 202 雄穗　　　　近似品种

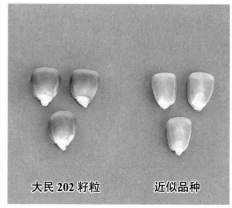

大民 202 籽粒　　　　近似品种

大玉 201

品种权号　CNA20070343.9
授 权 日　2013 年 5 月 1 日
品种权人　大民种业股份有限公司

品种来源　大玉 201 是以 DM14 为母本，以引自黑龙江省农业科学院的 D13 为父本杂交组配而成。

农艺性状　散粉期早，抽丝期早，雄穗颖片基部花青甙显色强度无或极弱，雄穗主轴与侧枝角度中，雄穗侧枝中度下弯，雌穗花丝花青甙显色强度极弱到弱，雄穗最高位侧枝以上主轴长度中到长，雄穗一级侧枝数中，株高矮到中，果穗长度中到长，果穗锥到筒形，籽粒偏马齿形、顶端及背面黄色，穗轴颖片花青甙显色强度中到强。

抗性表现　中抗玉米大斑病、丝黑穗病、弯孢菌叶斑病和玉米螟，抗茎腐病。

适宜区域　可在种植龙单 13、哲单 37 等品种且 ≥ 10℃ 有效积温 2 250 ～ 2 300℃ 的地区种植。

大玉 201 花丝　　　近似品种

大玉 201 果穗　　　近似品种

东733

品种权号　CNA20070361.7
授 权 日　2013 年 5 月 1 日
品种权人　辽宁东亚种业有限公司

品种来源　东 733 是以四 -287 为母本，以四 -273 为父本杂交后，经自交 6 代选育而成。

农艺性状　散粉期中到晚，抽丝期晚，雄穗颖片基部花青甙显色强度无或极弱，雄穗主轴与侧枝角度大，雄穗侧枝强烈下弯，雌穗花丝花青甙显色强度极弱到弱，雄穗最高位侧枝以上主轴长度中到长，雄穗一级侧枝数少，株高矮到中，果穗长度中等，果穗锥形，籽粒中间型，籽粒顶端橙黄色，籽粒背面橙黄色，穗轴颖片花青甙显色强度无或极弱。

适宜区域　辽宁省、吉林省、内蒙古自治区等相似生态区域种植。

东 733 幼苗　　　近似品种

东 733 植株　　　近似品种

长玉1号

品种权号　CNA20070446.X
授 权 日　2013年5月1日
品种权人　四川省蜀玉科技农业发展有限公司

品种来源　长玉1号是以961为母本，以168为父本杂交组配而成。其中母本961来源于618自交系，引自河北省蠡县玉米研究所；父本168来源于（长72×332）×黄C。

审定情况　国审玉2006049

农艺性状　幼苗叶鞘紫色，叶片绿色，叶缘紫色，花药黄色，雄穗颖片紫色。株型半紧凑，株高240cm，穗位高98cm，成株叶片数21片。花丝红色，果穗筒形，穗长20cm，穗行数14～16行，穗轴红色，籽粒黄色、马齿形，百粒重34.2g。

品质测定　经农业部谷物品质监督检验测试中心（北京）测定，籽粒容重734g/L，粗蛋白含量8.71%，粗脂肪含量4.38%，粗淀粉含量72.88%，赖氨酸含量0.32%。

抗性表现　经四川省农业科学院植物保护研究所两年接种鉴定，抗大斑病、纹枯病和玉米螟，中抗小斑病、茎腐病，感丝黑穗病。

产量表现　2005年生产试验，平均亩产554kg。陕南春玉米引种试验，平均亩产639.6kg。

适宜区域　湖北省、湖南省、贵州省和重庆市的武陵山区，陕南安康及汉中地区春播种植。

长玉1号田间群体

长玉1号果穗

富玉1号

品种权号　CNA20070535.0
授 权 日　2013 年 5 月 1 日
品种权人　鸡西宏升种业有限公司

品种来源　富玉 1 号以华 3 为母本，以华黄为父本杂交组配而成。其中，母本华 3 为合 344 的改良系；父本华黄由美国杂交种经 8 代自交选育而成。

审定情况　黑审玉 2007025

农艺性状　散粉期早到中，抽丝期早到中，雄穗主轴与侧枝角度中，雄穗侧枝姿态直，雌穗花丝无花青甙显色，雄穗最高位侧枝以上主轴长度中到长，雄穗一级侧枝数少到中，株高中等，果穗长度长，果穗中间型，籽粒偏马齿形，籽粒顶端橘黄色、背面橙色，穗轴颖片花青甙显色强。

适宜区域　黑龙江省第二积温带下限或第三积温带上限区域种植，如黑龙江省鸡西市、齐齐哈尔市、牡丹江市的大部分地区；也适合于我国南部省份的相似积温地区种植。

富玉 1 号果穗　　　近似品种

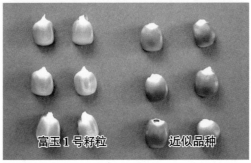

富玉 1 号籽粒　　　近似品种

丹玉 301

品种权号　CNA20070660.8
授　权　日　2013 年 5 月 1 日
品种权人　辽宁丹玉种业科技股份有限公司

品种来源　丹玉 301 是以丹 T139 为母本，以 DH34 为父本杂交组配而成。其中，母本丹 T139 是以涿 673 为母本，以丹 599 为父本杂交后，经自交 6 代选育而成。

审定情况　辽审玉［2007］339 号

农艺性状　散粉期极晚，抽丝期极晚，雄穗侧枝中度下弯，雌穗花丝花青甙显色弱，雄穗最高位以上主轴长度中，雄穗一级侧枝数中，植株高度高，果穗长度短，果穗圆锥形，籽粒偏马齿形、顶端橘黄色，穗轴颖片无花青甙显色。

产量表现　2007 年参加辽宁省区域试验，平均产量 9 780.0kg/hm^2，比对照品种丹玉 39 号增产 5.4%。2007 年参加辽宁省生产试验，平均产量 9 051.0kg/hm^2，比对照品种丹玉 39 号增产 6.8%。

适宜区域　需活动积温 3 000℃左右，适宜在辽宁省以及吉林南部区域种植。

丹玉 301 植株

丹玉 301 果穗

丹玉 405 号

品种权号　CNA20070662.4
授 权 日　2013 年 5 月 1 日
品种权人　辽宁丹玉种业科技股份有限公司

品种来源　丹玉 405 号是以丹 299 为母本，以丹 M9-2 为父本杂交组配而成。其中，父本丹 M9-2 是以 M98.336 为母本，以 D3429 为父本杂交后，经自交 6 代选育而成。

审定情况　辽审玉［2008］399 号，渝审玉 2009010

农艺性状　幼苗叶鞘紫色，叶片绿色，叶缘紫色，苗势强。株型半紧凑，株高 285cm，穗位 121cm，成株叶片数 20 ～ 21 片。花丝绿色，雄穗分枝数 10 ～ 13 个，花药浅紫色，雄穗颖片绿色。果穗长锥形，穗柄短，苞叶中，穗长 25.0cm，穗行数 18 ～ 20 行，穗轴粉色，籽粒黄色，半马齿形，百粒重 35.3g。

品质测定　经农业部农产品质量监督检验测试中心（沈阳）测定，籽粒容重 762.4g/L，粗蛋白含量 9.42%，粗脂肪含量 5.42%，粗淀粉含量 74.06%，赖氨酸含量 0.3%。

抗性表现　经 2007—2008 两年人工接种鉴定，抗大斑病（1 ～ 3 级），抗灰斑病（1 ～ 3 级），中抗弯孢菌叶斑病（1 ～ 5 级），中抗茎腐病（1 ～ 5 级），中抗丝黑穗病（发病株率 0% ～ 6.8%）。

产量表现　2007—2008 年参加辽宁省玉米晚熟组区域试验，两年平均亩产 705.7kg，比对照品种丹玉 39 号增产 14.7%；2007 年参加同组生产试验，平均亩产 596.7kg，比对照丹品玉 39 号增产 3.0%。一般亩产 800kg。

适宜区域　辽宁省沈阳、铁岭、丹东、大连、辽阳、锦州、朝阳等市以及河北省、山东省、四川省、重庆市等 ≥ 10℃有效积温在 3 000℃以上的晚熟玉米区种植。

丹玉 405 号田间群体

丹玉 405 号果穗及穗轴　近似品种

丹玉 405 号籽粒　近似品种

吉农大 588

品种权号　CNA20070673.X
授 权 日　2013 年 5 月 1 日
品种权人　吉林农大科茂种业有限责任公司

品种来源　吉农大 588 以自选系 JND030 为母本，以 JND64 为父本杂交组配而成。其中，母本 JND030 是以 FR600×U8112 为基础材料，再以 U8112 为轮回亲本回交一次，此后经 6 代自交选育而成；父本 TJD64 是以（沈 5003×热选 599）×km118 复合杂交种为基础材料，经 7 代自交选育而成。

审定情况　吉审玉 2006008 、黑审玉 2009008

农艺性状　幼苗期第一叶鞘绿色，第一叶尖端形状卵圆形，叶片绿色，茎绿色，株高 282cm，穗位高 110cm，果穗长筒形，穗轴粉色，成株叶片数 19 片，穗长 23.5cm、穗粗 5.1cm，穗行数 14 ~ 16 行，籽粒黄色、马齿形。

品质测定　容重 690g/L，粗淀粉 71.05% ~ 74.80%，籽粒含粗蛋白 9.94% ~ 10.39%，粗脂肪 3.91% ~ 4.54%。

产量表现　2006 年黑龙江省生产试验，平均产量 10 196.03kg/hm²，比对照品种本育 9 增产 8.5%。2007 年黑龙江省生产试验平均产量为 10 817.70kg/hm²，比对照品种吉单 261 增产 11.7%。

适宜区域　吉林省中熟—中晚熟区域、黑龙江省第一积温带上限区域种植。

吉农大 588 雄穗　　　近似品种　　　　吉农大 588 果穗及穗轴　　　近似品种

龙疆1号

品种权号　CNA20070720.5
授 权 日　2013 年 5 月 1 日
品种权人　王福兴

品种来源　龙疆 1 号是以自育系 D101 为母本，以自育系 L48 为父本杂交组配育成。其中，母本 D101 是以甸 11 为母本，以紫玉米为父本杂交后，经自交 5 代选育而成；父本 L48 是以长 3 为母本，以红玉米为父本杂交后，经自交 5 代选育而成。

审定情况　黑审玉 2007023

农艺性状　散粉期极早，抽丝期极早，雄穗主轴与侧枝角度小，雄穗侧枝姿态直，雌穗花丝无花青甙显色，雄穗最高位侧枝以上主轴长度中等，雄穗一级侧枝数少到中，株高矮到中，果穗长度中到长，果穗中间型，籽粒偏硬粒型，籽粒顶端橙色、背面黄色，穗轴颖片花青甙显色强度中。

适宜区域　黑龙江省第三、第四积温带适宜卡皮托尔、绥玉 7、海玉 6 等早熟玉米品种的种植区种植。

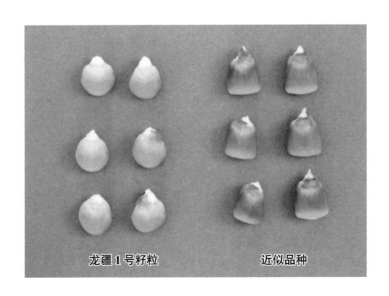

龙疆 1 号籽粒　　　　　　　　近似品种

丹玉 601 号

品种权号　CNA20070721.3
授　权　日　2013 年 5 月 1 日
品种权人　丹东农业科学院

品种来源　丹玉 601 号是以引自辽宁东亚农业科学院的 A801 为母本，以丹 99 长的姊妹系丹 99 长 -2 为父本杂交组配而成。

审定情况　辽审玉〔2007〕340 号

农艺性状　幼苗叶鞘紫色，叶片浅绿色，叶缘白色。株型半紧凑，株高 292cm，穗位 123cm，成株叶片数 20～22 片。花丝浅紫色，雄穗分枝数 10～13 个，花药黄色，雄穗颖片绿色。果穗筒形，穗柄适中，苞叶中，穗长 24.3cm，穗行数 16～18 行，穗轴红色，籽粒黄色、半马齿形，百粒重 38.9g。

品质测定　2007 年经农业部农产品质量监督检验测试中心（沈阳）测定，籽粒容重 727.8g/L，粗蛋白含量 10.04%，粗脂肪含量 4.75%，粗淀粉含量 75.75%，赖氨酸含量 0.32%。

抗性表现　抗叶斑病及茎腐病。

产量表现　2007 年参加辽宁省晚熟组生产试验（A 组），平均亩产 608.3kg，比对照品种丹玉 39 号增产 9.5%。一般亩产 750kg。

适宜区域　辽宁省沈阳、铁岭、丹东、大连、鞍山、锦州、朝阳、葫芦岛等市活动积温在 3 000℃以上的晚熟玉米区。

丹玉 601 号植株

丹玉 601 号果穗、穗轴及籽粒

宜单 629

品种权号　CNA20070739.6
授 权 日　2013 年 5 月 1 日
品种权人　宜昌市农业科学研究院

品种来源　宜单 629 是以 S112 为母本，以 N75 为父本杂交组配而成。其中，母本 S112 是掖 478 的变异株，经自交 3 代选育而成。

审定情况　鄂审玉 2008004、桂审玉 2011005 号

农艺性状　散粉期中，抽丝期中，雄穗主轴与侧枝角度中等，雄穗侧枝姿态直，雌穗花丝花青甙显色中等，雄穗最高位侧枝以上主轴长度中等，雄穗一级侧枝数中，株高极矮到矮，果穗长度短，果穗中间型，籽粒中间型，籽粒顶端黄色，籽粒背面黄色，穗轴颖片花青甙显色缺乏或极弱。

适宜区域　湖北省低山、平原、丘陵以及临近同一生态区域种植。

宜单 629 果穗

宜单 629 果穗及穗轴

近似品种

豫禾 801

品种权号　CNA20070748.5
授 权 日　2013 年 5 月 1 日
品种权人　河南省豫玉种业有限公司

品种来源　豫禾 801 是以 Y01 为母本，以 Y02 为父本杂交组配育成。其中，母本 Y01 是由 K12 与武 414 组成的基础群体，经多代自交选择育成；父本 Y02 是由 78599 与 P178 组成的基础群体，经多代自交选择育成。

审定情况　粤审玉 2007012

农艺性状　出苗齐，幼苗长势旺，株型平展，整齐，叶片厚硬直，前期生势旺盛，苞粗长均匀，稍露顶，株高 240cm。果穗筒形、红轴，籽粒黄色、硬粒型，穗长 21.2cm，穗粗 5.06cm，秃尖 2.2cm。

抗性表现　田间调查结果：大斑病（1 ～ 5 级），小斑病（1 ～ 5 级），纹枯病 16.2%，锈病（1 ～ 5 级），青枯病 1.5%。抗病虫接种鉴定结果：高抗大斑病，中抗锈病和茎腐病，抗小斑病，感纹枯病、感玉米螟。

产量表现　一般每亩 483.8kg，最高亩产可达 600kg。

适宜区域　河南省全区种植、广东省各地春、秋季种植。

豫禾 801 果穗

川单 418

品种权号 CNA20070813.9
授 权 日 2013 年 5 月 1 日
品种权人 四川农业大学

品种来源 川单 418 是以自选系 SCML202 为母本，以引自中国农业科学院作物研究所的金黄 96B 为父本杂交组配育成。

审定情况 川审玉 2006008、国审玉 2007020

农艺性状 幼苗叶鞘浅紫色，叶片绿色，叶缘绿色，花药紫色，颖壳浅紫色。株型紧凑，株高 270cm，穗位高 120cm，成株叶片数 19 片。花丝绿色，果穗筒形，穗长 18.4cm，穗行数 16 ～ 18 行，穗轴红色，籽粒黄色、马齿形，百粒重 29.5g。

品质测定 经农业部谷物品质监督检验测试中心（北京）测定，籽粒容重 742g/L，粗蛋白含量 12.02%，粗脂肪含量 4.72%，粗淀粉含量 67.21%，赖氨酸含量 0.35%。

抗性表现 四川省农科院植保所两年接种鉴定，抗玉米螟，中抗大斑病、小斑病和纹枯病，感丝黑穗病，高感茎腐病。

产量表现 2005—2006 年参加西南玉米品种区域试验，两年平均亩产 604.0kg。2006 年生产试验，平均亩产 577.5kg。

适宜区域 四川省、重庆市、云南省、贵州省、湖北省、湖南省等地种植。

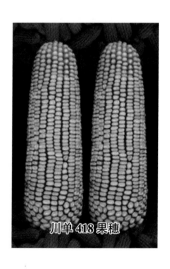

川单 418 果穗

瑞兴 11

品种权号　CNA20080090.6
授 权 日　2013 年 5 月 1 日
品种权人　蛟河市瑞兴种业有限公司

品种来源　瑞兴 11 是以引自黑龙江省嫩江市农业科学研究所的 4255 为母本，以引自黑龙江省农业科学院的 K10 为父本杂交组配而成。

审定情况　蒙认玉 2009002 号

农艺性状　散粉期早，抽丝期早到中，雄穗颖片基部花青甙显色强度无或极弱，雄穗主轴与侧枝夹角中，雄穗侧枝轻度下弯，雌穗花丝花青甙显色强度无或极弱，雄穗最高位侧枝以上主轴长度中到长，雄穗一级侧枝数中，株高极矮到矮，果穗长度短到中，果穗锥形，籽粒中间型，籽粒顶端黄色，籽粒背面黄色，穗轴颖片花青甙显色强度中。

抗性表现　玉米螟抗性中，大斑病抗性强，小斑病抗性强，弯孢菌叶斑病抗性中，茎腐病抗性中，丝黑穗病抗性强。

适宜区域　吉林省的东部山区种植。

瑞兴 11 果穗　　　近似品种

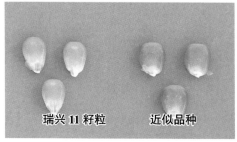

瑞兴 11 籽粒　　　近似品种

A6159

品种权号　CNA20080124.4
授 权 日　2013 年 5 月 1 日
品种权人　辽宁东亚种业有限公司

品种来源　A6159 是以由丹 340 变异株经自交 6 代选出的 LD61 为母本，以 J599、沈 137、X178、沈 135、K163、P126、P138、齐 319 等 8 个 78599 选系混合花粉为父本杂交后，经连续自交 6 代选育而成。

农艺性状　散粉期极晚，抽丝期极晚，雄穗颖片基部花青甙显色强度无或极弱，雄穗主轴与侧枝角度小，雄穗侧枝直，雌穗花丝花青甙显色中，雄穗最高位侧枝以上主轴长度中等，雄穗一级侧枝数少到中，株高矮到中，果穗长度中，果穗筒形，籽粒偏硬粒型，籽粒顶端、背面橙色，穗轴颖片花青甙显色强度无或极弱。

适宜区域　辽宁省、河北省、天津市、北京市、河南省、山东省等玉米区种植。

A6159 花丝　　　　近似品种

A6159 果穗　　　　近似品种

金078

品种权号　CNA20080149.X
授 权 日　2013 年 5 月 1 日
品种权人　河南金博士种业股份有限公司　张发林

品种来源　金 078 是以郑 58 杂株为基础材料，经自交 7 代选育而成。

农艺性状　散粉期中到晚，抽丝期晚，雄穗主轴与侧枝角度小，雄穗侧枝轻度下弯或中度下弯，雌穗花丝花青甙显色强度中到强，雄穗最高位侧枝以上主轴短到中，雄穗一级侧枝数少，植株高度矮，果穗短到中，果穗中间型，籽粒硬粒型，籽粒顶端黄色、背面橘黄色，穗轴颖片花青甙显色强度缺乏或极弱。

产量表现　一般产量 5 000kg/hm²，高产田可达 7 000kg/hm²。

适宜区域　夏玉米和春玉米种植地区繁殖和配置杂交种。

金 078 花丝　　　　近似品种

金 078 果穗　　　　近似品种

金 095

品种权号　CNA20080150.3
授 权 日　2013 年 5 月 1 日
品种权人　河南金博士种业股份有限公司　张发林

品种来源　金 095 是以郑 58 杂株为基础材料，经自交 7 代选育而成。

农艺性状　散粉期中，抽丝期中，雄穗主轴与侧枝角度小，雄穗侧枝姿态直，雌穗花丝花青甙显色强度中到强，雄穗最高位侧枝以上主轴长度短，雄穗一级侧枝数中到多，株高中等，果穗长极短到短，果穗中间型，籽粒偏硬粒型，籽粒顶端黄色、背面橙色，穗轴颖片花青甙显色强度缺乏或极弱。

抗性表现　抗大斑病、小斑病，抗青枯病和黑粉病。

产量表现　一般产量 4 000kg/hm²，高产田可达 5 000kg/hm²。

适宜区域　夏玉米和春玉米种植地区繁殖和配制杂交种。

金 095 雄穗　　　　　　近似品种

金 095 果穗　　　　　　近似品种

金258

品种权号　CNA20080151.1
授 权 日　2013 年 5 月 1 日
品种权人　河南金博士种业股份有限公司　张发林

品种来源　金 258 是以昌 7-2 亲本繁殖田中选出的变异杂株为基础材料，经自交 7 代选育而成。

农艺性状　散粉期中，抽丝期中，雄穗主轴与侧枝角度极小，雄穗侧枝姿态直，雌穗花丝花青甙显色强度中到强，雄穗最高位侧枝以上主轴长度短，雄穗一级侧枝数中，植株矮，果穗极短，果穗中间型，籽粒硬粒型，籽粒顶端黄色、背面橙色，穗轴颖片花青甙显色强度强。

抗性表现　抗大斑病、小斑病，抗青枯病和黑粉病。

产量表现　一般产量 4 000kg/hm^2，高产田可达 5 000kg/hm^2。

适宜区域　夏玉米和春玉米种植地区繁殖和配制杂交种。

金 258 雄穗　　　　　近似品种

金 258 果穗及穗轴　　　近似品种

垦单8号

品种权号　CNA20080157.0
授　权　日　2013 年 5 月 1 日
品种权人　黑龙江省农垦科学院

品种来源　垦单 8 号是以佳 35 为母本，以佳 18 为父本杂交组配而成。

审定情况　黑审玉 2005013

农艺性状　生育日数 111 天，生育期积温 2 120℃左右，株高 237cm，穗位高 93cm，叶鞘紫色，籽粒黄色、中硬粒型，穗长 19.5cm，穗粗 4.8cm，穗行数 12 ～ 14 行，每行粒数 35 粒左右。百粒重 35.2g。

品质测定　籽粒容重 764g/L，粗蛋白质 8.59%，粗脂肪 4.74%，淀粉 73.99%，赖氨酸 0.29%。

抗性表现　接种鉴定：大斑病（3 ～ 4 级），丝黑穗病（15.3% ～ 18.5%）。自然发病率：大斑病（0 ～ 1 级），丝黑穗病（0% ～ 0.3%）。

产量表现　2002—2003 年区域试验，平均产量 7 564.5kg/hm²，比对照品种卡皮托尔平均增产 10.1%，2004 年生产试验，平均产量 8 933.6kg/hm²，比对照品种卡皮托尔平均增产 8.0%。

适宜区域　黑龙江省第四积温带种植。

垦单 8 号田间群体

垦单 8 号果穗

明玉 3 号

品种权号　CNA20080169.4
授　权　日　2013 年 5 月 1 日
品种权人　葫芦岛市明玉种业有限责任公司

品种来源　明玉 3 号是以明 9810 为母本，以明 2325 为父本杂交组配而成。

审定情况　辽审玉〔2008〕382 号

农艺性状　幼苗叶鞘紫色，叶片绿色，叶缘白色。株型半紧凑，株高 325cm，穗位 156cm，成株叶片数 21 ～ 23 片。花丝绿色，花药绿色，雄穗颖片绿色。果穗锥形，穗长 20.0cm，穗行数 16 ～ 20 行，穗轴红色，籽粒黄色、马齿形，百粒重 36.9g，出籽率 81.3%。

品质测定　经农业部农产品质量监督检验测试中心 (沈阳) 测定，籽粒容重 745.0g/L，粗蛋白含量 10.36%，粗脂肪含量 4.62%，粗淀粉含量 72.45%，赖氨酸含量 0.34%。

抗性表现　经 2007—2008 两年人工接种鉴定，中抗茎腐病（1 ～ 5 级），抗大斑病（1 ～ 3 级），抗灰斑病（1 ～ 3 级），感丝黑穗病（病株率 0.0% ～ 10.7%），高感弯孢菌叶斑病（1 ～ 9 级）。

产量表现　2007—2008 年参加辽宁省晚熟组区域试验，两年平均亩产 730.1kg，比对照品种丹玉 39 增产 17.5%；2008 年参加同组生产试验，平均亩产 624.4kg，比对照品种丹玉 39 增产 7.8%。

适宜区域　辽宁省沈阳、铁岭、丹东、大连、鞍山、锦州、朝阳、葫芦岛等市活动积温 3 000℃以上的晚熟玉米区种植，弯孢菌叶斑病和丝黑穗病高发区慎种。

明玉 3 号田间群体

明玉 3 号果穗

瑞玉 3 号

品种权号　CNA20080170.8
授 权 日　2013 年 5 月 1 日
品种权人　绵阳瑞德种业有限责任公司

品种来源　瑞玉 3 号是以自选系 B35 为母本，以自选系 A11 为父本杂交组配而成。其中，母本 B35 是由豫自 87-1 与丹 340 组成基础材料，经连续 7 代自交选育而成；父本 A11 是七三单交与自 330 为基础材料，经自交 7 代选育而成。七三单交是由引自贵州省农业科学院的 77 与自 330 组配选育而成。

审定情况　渝审玉 2007001、川审玉 2011015

农艺性状　散粉期中到晚，抽丝期中到晚，雄穗主轴与分枝角度中等，雄穗侧枝姿态直，雌穗花丝花青甙显色强度弱到中等，雄穗最高位以上主轴长度中，雄穗一级侧枝数极多，株高中到高，果穗长短到中，果穗中间型，籽粒偏马齿形，籽粒顶端黄色、背面橘黄色，穗轴颖片花青甙显色强度弱。

适宜区域　西南玉米区种植。

瑞玉 3 号花丝　　　　　近似品种

滑玉 11

品种权号　CNA20080175.9
授　权　日　2013 年 5 月 1 日
品种权人　河南滑丰种业科技有限公司

品种来源　滑玉 11 是以 HF28B 母本，以 HF473 为父本杂交组配而成。

审定情况　豫审玉 2007001

农艺性状　株型紧凑，全株叶片数 20 片左右，株高 250cm，穗位高 105cm。幼苗叶鞘浅紫色，第一叶尖端圆到匙形，第四叶叶缘浅紫色。雄穗分枝数中等，雄穗颖片浅紫色，花药浅紫色，花丝浅粉色。果穗圆筒中间型，穗长 16cm，穗粗 5cm，穗行数 16 行，每行粒数 35 粒；穗轴白色，籽粒黄色、半马齿形，千粒重 310g，出籽率 88%。

品质测定　2006 年农业部农产品质量监督检验测试中心（郑州）检测，籽粒粗蛋白 10.41%，粗脂肪 4.50%，粗淀粉 72.45%，赖氨酸 0.31%，容重 734g/L。

抗性表现　2005 年河北省农业科学院植物保护研究所人工接种抗性鉴定报告：中抗大斑病 5 级，中抗瘤黑粉病 5.6%，中抗矮花叶病 12.0%，抗小斑病 3 级，感弯孢菌叶斑病 7 级，感茎腐病 47.6%，感玉米螟 7.9 级。综合田间发病情况：综合抗病性较好。

产量表现　2005—2006 区域平均亩产 563.3kg，比对照品种郑单 958 增产 3.3%。2006 年河南省生产试验，平均亩产 523.8kg，比对照品种郑单 958 增产 5.4%，居 9 个参试品种第 3 位。

适宜区域　河南全省各地种植。

滑玉 11 田间群体

滑玉 11 果穗及籽粒

正德 304

品种权号　CNA20080194.5
授 权 日　2013 年 7 月 1 日
品种权人　张掖市德光农业科技开发有限责任公司

品种来源　正德 304 是以 K12（选）为母本，以 B26 为父本杂交组配而成。其中，母本 K12（选）是以 K12 变异株为基础材料，经自交 3 代选育而成；父本 B26 是以美国杂交种 78599 的 F_3 为基础材料，经自交 6 代选育而成。

审定情况　甘审玉 2007008

农艺性状　散粉期晚，抽丝期晚，雄穗侧枝轻度下弯，雌穗花丝花青甙显色中，雄穗最高位侧枝以上主轴极长，雄穗一级侧枝数中，株高中等，果穗长度短，果穗圆锥形，籽粒偏硬粒型，籽粒顶端黄色、背面橙色，穗轴颖片花青甙显色强度强。

抗性表现　大斑病、小斑病抗性中。

适宜区域　甘肃省河西走廊一熟灌区以及甘肃省东部的兰州、靖远、天水、庆阳、平凉等海拔 1 700m 以下的地区种植；生态条件相近的陕西省北部春播区，宁夏回族自治区、新疆维吾尔自治区且全生育期≥10℃有效积温 2 800℃以上、年降雨量 500mm 左右或降雨量不足但有灌溉条件的地区种植。

正德 304 雄穗　　　　近似品种

正德 304 穗轴　　近似品种

张玉 20

品种权号　CNA20080196.1
授 权 日　2013 年 5 月 1 日
品种权人　张家口市玉米研究所有限公司

品种来源　张玉 20 是以 510 为母本，以 223 为父本杂交组配而成。其中，母本 510 是以从美国引进的杂交种的大田天然杂株中经自交 7 代选育而成的 v-29 为母本，以沈 139 和掖 478 杂交后经自交 7 代选育出的 136-235 为父本杂交，此后经自交 7 代选育而成；父本 223 是以昌 7-2 的杂株 F 为母本，以昌 7-2 为父本杂交后，经自交 7 代选育而成。

审定情况　冀审玉 2006037 号

农艺性状　散粉期早到中，抽丝期早，雄穗主轴与侧枝角度小到中，雄穗侧枝直，雌穗花丝花青甙显色强度极弱到弱，雄穗最高位侧枝以上主轴长度中，雄穗一级侧枝数中，株高矮到中，果穗长度中等，果穗圆筒形，籽粒中间型，籽粒顶端黄色、背面橙色，穗轴颖片花青甙显色强度缺乏或极弱。

抗性表现　矮花叶病毒、粗缩病毒、玉米螟、大斑病、小斑病、褐斑病、锈病、弯孢菌叶斑病、茎腐病、丝黑穗病、穗腐病的抗性强。

适宜区域　黄淮海夏播和东北春播。

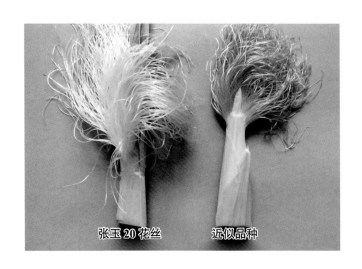

张玉 20 花丝　　　近似品种

天泰 18 号

品 种 权 号　CNA20080197.X
授　权　日　2013 年 5 月 1 日
品 种 权 人　山东天泰种业有限公司

品种来源　天泰 18 号是以 PC9 为母本，以 spc03 为父本杂交组配而成。其中，母本 PC9 是以美国杂交种 78599 为母本，以掖 478 为父本杂交后，经自交 5 代选育而成；父本 spc03 是以丹 340 为母本，以昌 7-2 为父本杂交后，经自交 5 代选育而成。

审定情况　鲁农审 2007007 号

农艺性状　散粉期早，抽丝期早到中，雄穗主轴与侧枝角度小到中，雄穗侧枝姿态直，雌穗花丝花青甙显色强度极弱到弱，雄穗最高位侧枝以上主轴长，雄穗一级侧枝数极少，株高中到高，果穗长短到中，果穗圆筒形，籽粒偏马齿形，籽粒顶端黄色、背面橙色，穗轴颖片花青甙显色强度缺乏或极弱。

适宜区域　黄淮海地区的中上等肥水条件地块春播或夏播。

天泰 18 号雄穗　　　　近似品种

天泰 18 号果穗　　　　近似品种

利合 16

品种权号　CNA20080243.7
授 权 日　2013 年 5 月 1 日
品种权人　山西利马格兰特种谷物研发有限公司

品种来源　利合 16 是以外引系 CKEXI13 为母本，以自选系 LPMD72 为父本杂交组配育成。其中，母本 CKEXI13 引自黑龙江省农科院克山农业科学研究所；父本 LPMD72 是法国利马格兰公司以（LPDP53A×NNEG5）F_1 为基础材料，经自交 6 代选育而成。

审定情况　国审玉 2007002、吉审玉 2010036

农艺性状　散粉期极早到早，抽丝期极早到早，雄穗主轴与侧枝夹角中到大，雄穗侧枝直，雌穗花丝花青甙显色极弱到弱，雄穗最高位侧枝以上主轴长度中，雄穗一级侧枝数目极少到少，株高矮到中，果穗长度短到中，果穗圆筒形，籽粒硬粒型，籽粒顶端黄色、背面橙色，穗轴颖片花青甙显色强度缺乏或极弱。

适宜区域　黑龙江省第四积温带、吉林省东部极早熟地区、河北省承德市北部接坝冷凉区、陕西省延安地区、甘肃省陇南地区、新疆维吾尔自治区喀什地区、内蒙古自治区通辽市北部和宁夏回族自治区固原地区极早熟玉米区种植。

利合 16 雄穗　　　　　近似品种

利合 16 果穗及穗轴　　近似品种

W917

品种权号　CNA20080244.5
授　权　日　2013 年 5 月 1 日
品种权人　王建华

品种来源　W917 是以郑 58 为母本，以丹 9046 为父本杂交后，经连续自交 7 代选育而成。

农艺性状　散粉期早到中，抽丝期早到中，雄穗主轴与侧枝角度极小到小，雄穗侧枝直，雌穗花丝花青甙显色弱到中，雄穗最高位侧枝以上主轴长度短到中，雄穗一级侧枝数极少到少，株高矮到中，果穗长度短到中，果穗圆筒形，籽粒偏硬粒型，籽粒顶端黄色、背面橙色，穗轴颖片花青甙显色强度缺乏或极弱。

适宜区域　黄淮海、东华北、京津唐、西北玉米区的适宜地区种植。

W917 雄穗　　　　近似品种

W917 果穗　　　　近似品种

L269-2

品种权号　CNA20080262.3
授 权 日　2013 年 5 月 1 日
品种权人　边长山

　　品种来源　L269-2 是以美国杂交种 KX0769 为基础材料，经自交 7 代选育而成。

　　农艺性状　散粉期中到晚，抽丝期中到晚，雄穗主轴与侧枝角度极小，雄穗侧枝直，雌穗花丝无花青甙显色，雄穗最高位侧枝以上主轴长度中到长，雄穗一级侧枝数极少到少，植株高度中，果穗长度短到中，果穗中间型，籽粒偏硬粒性，籽粒顶端橙色、背面橘黄色，穗轴颖片花青甙显色强度强到极强。

　　适宜区域　辽宁省、吉林省、黑龙江省、内蒙古自治区、河北等地区种植。

　　L269-2 果穗及穗轴　　　　　　　　近似品种

L269

品种权号　CNA20080263.1
授 权 日　2013 年 5 月 1 日
品种权人　边长山

品种来源　L269 是以美国杂交种 KX0769 为基础材料，经自交 7 代选育而成。

农艺性状　散粉期早到中，抽丝期中，雄穗主轴与侧枝角度极小，雄穗侧枝直，雌穗花丝无花青甙显色，雄穗最高位侧枝以上主轴长度中到长，雄穗一级侧枝数极少到少，植株高度高，果穗短，果穗形状中间型，籽粒类型中间型，籽粒顶端黄色、背面黄色，穗轴颖片花青甙显色强度强到极强。

适宜区域　辽宁省、吉林省、黑龙江省、内蒙古自治区、河北省等地区种植。

L269 果穗及穗轴　　　　　近似品种

L237

品种权号　CNA20080264.X
授　权　日　2013 年 5 月 1 日
品种权人　边长山

品种来源　L237 是以 Mo17 为母本，以沈 137 为父本杂交后，经自交 7 代选育而成。

农艺性状　散粉期中，抽丝期中到晚，雄穗主轴与侧枝角度极小，雄穗侧枝姿态直，雌穗花丝花青甙显色弱，雄穗最高位侧枝以上主轴长度短到中，雄穗一级侧枝数少，株高中到高，果穗长度短，果穗圆筒形，籽粒硬粒型，籽粒顶端橙色、背面橘黄色，穗轴颖片花青甙显色强度弱到中。

适宜区域　辽宁省、吉林省、黑龙江省、内蒙古自治区、河北省等地区种植。

L237 果穗　　　　　　　近似品种

J9538

品种权号　CNA20080270.4
授　权　日　2013 年 5 月 1 日
品种权人　济源市农业科学研究所

　　品种来源　J9538 是以昌 7-2 为母本，以 5237 为父本杂交后，经连续自交 7 代选育而成。

　　农艺性状　散粉期中到晚，抽丝期中到晚，雄穗主轴与侧枝角度极小到小，雄穗侧枝姿态直，雌穗花丝花青甙显色强度中到强，雄穗最高位侧枝以上主轴长度短，雄穗一级侧枝数少到中，株高矮到中，果穗长度短，果穗圆筒形，籽粒偏硬粒型，籽粒顶端黄色、背面橙色，穗轴颖片花青甙显色强度缺乏或极弱。

　　适宜区域　黄淮海地区夏播以及西北、东北春玉米地区繁殖和配制杂交种。

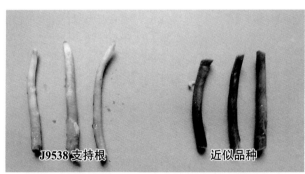

J9538 支持根　　　　　近似品种

J9538 果穗　　　　　近似品种

济 JPV

品种权号　CNA20080271.2
授 权 日　2013 年 5 月 1 日
品种权人　济源市农业科学研究所

品种来源　济 JPV 是以美国引进的杂交种，经连续自交 8 代选育而成。

农艺性状　散粉期中，抽丝期早到中，雄穗主轴与侧枝角度小到中，雄穗侧枝姿态直，雌穗花丝花青甙显色弱，雄穗最高位侧枝以上主轴长度中到长，株高中等，果穗长度中等，果穗形状中间型，籽粒偏硬粒型，籽粒顶端黄色、背面橘黄色，穗轴颖片花青甙显色强度强。

适宜区域　黄淮海地区夏播及西北、东北春玉米地区繁殖和配制杂交种。

济 JPV 雄穗　　　　　近似品种

济 JPV 果穗及穗轴　　　近似品种

丰黎 58

品种权号 CNA20080292.5
授 权 日 2013 年 5 月 1 日
品种权人 浚县丰黎种业有限公司

品种来源 丰黎 58 是以自育系 971 为母本，以自育系 3038 为父本杂交组配育成。其中，母本 971 是以［（掖 478×7922）F₁×488］F₁ 为母本，以从美国杂交种 DK656 选育出的二环系 DK656-9 为父本杂交后，经连续自交 6 代选育而成；父本 3038 是由丹 340 与 P138 杂交后，经连续自交 7 代选育而成。

审定情况 冀审玉 2008022 号

农艺性状 幼苗叶鞘浅紫色，成株株型紧凑，株高 282cm，穗位高 110cm，全株 20 片叶，生育期 101 天，花药黄色，花丝浅紫色，果穗筒形，穗轴白色，穗长平均 18.3cm，穗行数 18 行左右，籽粒黄色、马齿形。

品质测定 2007 年河北省农作物品种品质检测中心测定，籽粒粗蛋白 8.97%，赖氨酸 0.28%，粗脂肪 4.99%，粗淀粉 71.42%，千粒重 346g。

抗性表现 2006 年河北省农林科学院植物保护研究所鉴定结果：抗矮花叶病、大斑病、小斑病、茎腐病、瘤黑粉病、感弯孢菌叶斑病、玉米螟。

产量表现 2006 年河北省夏玉米低密度区域试验平均产量 9 291kg/hm²，2007 年同组区域试验平均产量 9 631.5 kg/hm²，2007 年生产试验平均产量 9 310.5 kg/hm²。

适宜区域 河北省夏播玉米区夏播种植。

丰黎 58 籽粒

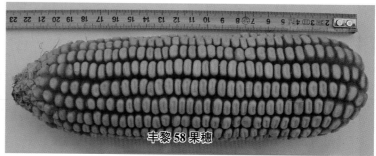
丰黎 58 果穗

吉D850

品种权号　CNA20080296.8
授 权 日　2013 年 5 月 1 日
品种权人　吉林吉农高新技术发展股份有限公司

品种来源　吉 D850 是以 2446 为母本，以 3519 为父本杂交后，经自交 7 代选育而成。其中，母本 2446 是以掖 478 为母本，以丹 9046 为父本杂交后，经自交 6 代选育而成；父本 3519 是以吉 853 为母本，以自 330 为父本杂交后，经自交 7 代选育而成。

农艺性状　叶鞘紫色，叶片浓绿色，叶缘紫色。株高 170cm，穗位高 50cm，茎粗 2.7cm，成株叶片数 19 片，雄穗分枝数 8 ～ 9 个，花药粉色，花粉量大，花丝红色。果穗锥形，穗轴白色，穗行数 14 ～ 16 行。籽粒黄色、硬粒型。

抗性表现　抗倒伏，耐瘠薄，高抗玉米大斑病、丝黑穗病、黑粉病、弯孢菌叶斑病、茎腐病。

产量表现　一般每公顷产量 4 500kg 以上。

适宜区域　≥ 10℃有效积温 2 720℃左右地区种植。

吉 D850 田间群体

农乐 988

品种权号　CNA20080324.7
授 权 日　2013 年 5 月 1 日
品种权人　新乡市种子公司

品种来源　农乐 988 是以自选系 NL278 为母本，以 NL167 为父本杂交组配而成。其中，母本 NL278 是由丹 3130 与 3189 组配成基础材料，经自交 6 代选育而成；父本 NL167 是由 5237 与昌 7-2 组配成基础材料，经自交 5 代选育而成。

审定情况　国审玉 2008011

农艺性状　散粉期早到中，抽丝期早到中，雄穗主轴与侧枝角度小，雄穗侧枝直，雌穗花丝花青甙显色强度弱，雄穗最高位侧枝以上主轴长度中，雄穗一级侧枝数少，株高中等，果穗长度中等，果穗圆筒形，籽粒偏马齿形，籽粒顶端、背面橙色，穗轴颖片花青甙显色强度缺乏或极弱。

适宜区域　黄淮海夏播区域。

农乐 988 果穗　　　　　近似品种

江单2号

品种权号　CNA20080328.X
授　权　日　2013年5月1日
品种权人　黑龙江省农业科学院玉米研究所

品种来源　江单2号是以自育系JS1为母本，以JS2为父本杂交组配而成。其中，母本JS1是由自交系138系的变异株，经6代自交选育而成；父本JS2是以78599为母本，以美1-4为父本杂交后，经连续自交5代选育而成。

审定情况　黑审玉2007032

农艺性状　幼苗期第一叶鞘浅紫色，第一叶尖端形状圆形、叶片绿色，茎秆绿色。株高330cm、穗位高155cm，成株叶片数19片，果穗圆柱形，穗轴粉色，穗长23cm，穗粗5.3cm，穗行数16～20行。籽粒黄色、马齿形。

品质测定　经农业部谷物品质检测中心检测，全株粗蛋白7.58%～8.12%，粗纤维21.05%～24.58%，总糖14.02%～18.7%，水分73.26%～74.9%。

抗性表现　经黑龙江省农业科学院植物保护研究所鉴定，大斑病2～3级，丝黑穗病发病率1.0%～1.1%。

产量表现　2004—2005年参加黑龙江省区域试验，比对照品种黑饲1号平均增产14.0%，2006年参加黑龙江省生产试验，比对照品种黑饲1号平均增产14.1%。

适宜区域　≥10℃有效积温2 500℃左右的地区种植。

江单2号果穗及籽粒

天泰 15 号

品种权号　CNA20080346.8
授　权　日　2013 年 5 月 1 日
品种权人　山东天泰种业有限公司

品种来源　天泰 15 号是以 PC206 为母本，以 PC18 为父本杂交组配而成。其中，母本 PC206 是以齐 319 为母本，以 U8112 为父本杂交后，经自交 6 代选育而成；父本 PC18 是以欧共体商品玉米杂交种 OGHE9643F2 为基础材料，经自交 7 代选育而成。

审定情况　宁审玉 2008001

农艺性状　散粉期早，抽丝期早，雄穗主轴与侧枝角度小到中，雄穗侧枝直，雌穗花丝花青甙显色强度缺乏或极弱，雄穗最高位侧枝以上主轴长度中，雄穗一级侧枝数极少到少，株高中等，果穗长度中等，果穗圆筒形，籽粒偏马齿形，籽粒顶端黄色、背面橙色，穗轴颖片花青甙显色强度中。

抗性表现　对粗缩病、大斑病、褐斑病、弯孢菌叶斑病、丝黑穗病、穗腐病抗性强，对玉米螟、锈病、茎腐病抗性中；对矮花叶病毒病、小斑病抗性弱。

适宜区域　宁夏回族自治区引、扬黄灌单种或套种。

天泰 15 号雄穗　　近似品种

天泰 15 号
果穗及穗轴　　　　　　近似品种

天泰 55

品种权号　CNA20080347.6
授 权 日　2013 年 5 月 1 日
品种权人　山东天泰种业有限公司

　　品种来源　天泰 55 是以 PC12 为母本，以 spc07 为父本杂交组配而成。其中，母本 PC12 是以美国杂交种 78599 为母本，以丹 340 为父本杂交后，经自交 8 代选育而成；父本 spc07 是以掖 478、沈 5003 和掖 107 混合授粉群体组成瑞得血缘小群体，经自交 7 代选育而成。

　　审定情况　鲁农审 2008003 号

　　农艺性状　散粉期早到中，抽丝期早，雄穗主轴与侧枝角度小，雄穗侧枝直到轻度下弯，雌穗花丝花青甙显色强度弱，雄穗最高位侧枝以上主轴长度中，雄穗一级侧枝数少，株高中等，果穗长度中等，果穗圆筒形，籽粒类型中间型，籽粒顶端黄色、背面橙色，穗轴颖片花青甙显色强度缺乏或极弱。

　　抗性表现　抗病、抗倒，耐密性好。

　　适宜区域　山东省适宜地区作为夏玉米品种推广利用。

天泰 55 雄穗　　　　　　　　近似品种

金自 113

品种权号	CNA20080359.X
授 权 日	2013 年 5 月 1 日
品种权人	通辽金山种业科技有限责任公司

品种来源 金自 113 是以四 4112 为母本，以铁 C8605-2 为父本杂交后，经自交 6 代选育而成。

农艺性状 散粉期早到中，抽丝期中，雄穗主轴与侧枝角度极小到小，雄穗侧枝直，雌穗花丝花青甙显色强度极弱到弱，雄穗最高位侧枝以上主轴长度短到中，雄穗一级侧枝数极少，株高矮到中，果穗长度短，果穗圆筒形，籽粒类型中间型，籽粒顶端黄色、背面橙色，穗轴颖片花青甙显色强度弱。

适宜区域 郑单 958 种植的地区均能种植。

金自 113 果穗及穗轴	近似品种

金富36

品种权号　CNA 20080397.2
授 权 日　2013 年 5 月 1 日
品种权人　驻马店市农业科学研究所

品种来源　金富 36 是以自选系驻 14 为母本，以驻 12 为父本杂交组配而成。其中，母本驻 14 是由 Mo17 与引自河南农业大学的 9687 杂交，经连续自交 7 代选育而成；父本驻 12 是由丹 340 与引自四川宜宾农科所的 0151 杂交后，经连续自交 7 代选育而成。

审定情况　豫审玉 2008011

农艺性状　散粉期晚，抽丝期晚，雄穗侧枝姿态直，雌穗花丝花青甙显色强度缺乏或极弱，雄穗最高位侧枝以上主轴长度中，雄穗一级侧枝数少，植株高度高，果穗长度极短，果穗圆锥形，籽粒偏硬粒型，籽粒顶端黄色、背面橙色，穗轴颖片花青甙显色强度中。

适宜区域　黄淮海夏播区域。

金富 36 雄穗　近似品种

金富 36 果穗　　　　近似品种

联创 5 号

品种权号　CNA20080492.8
授　权　日　2013 年 5 月 1 日
品种权人　北京联创种业股份有限公司

品种来源　联创 5 号是以 CT07 为母本，以 Lx9801 为父本杂交组配而成。其中，母本 CT07 是以美国杂交种 9907 为基础材料，连续自交 5 代选育而成。

审定情况　国审玉 2008012

农艺性状　幼苗第一叶鞘紫色，成株株型半紧凑，株高 270cm 左右，穗位高 106cm 左右。雄穗分枝中少，花药浅紫色，雄穗颖片浅紫色，花丝浅紫到紫色。果穗筒形，穗长 18cm 左右，穗行数平均 14 ～ 16 行，穗轴红色，籽粒黄色、半马齿形，百粒重 33.6 克左右。在黄淮海地区出苗至成熟 96 天左右。

品质测定　经农业部谷物品质监督检验测试中心（北京）测定，容重 766g/L，粗蛋白 11.72%，粗脂肪 3.73%，粗淀粉 72.66%，赖氨酸 0.35%。

抗性表现　2005—2006 年河北省农业科学院植保所抗病虫接种鉴定，中抗小斑病、瘤黑粉病、弯孢菌叶斑病、茎腐病、玉米螟，感大斑病、矮花叶病，。

产量表现　2005—2006 年参加黄淮海夏玉米区试，两年平均产量 8 985.0kg/hm^2，比对照品种郑单 958 增产 5.4%。2006 年参加同组生产试验，平均产量 8 629.5kg/hm^2，比对照品种郑单 958 增产 5.62%。中等以上肥力地块上种植，一般产量 9 000kg/hm^2。

适宜区域　河北省、河南省、山东省、陕西省、安徽省北部、江苏省北部、山西省晋南地区夏玉米区推广种植。

联创 5 号田间群体

CT07

品种权号　CNA20080493.6
授 权 日　2013 年 5 月 1 日
品种权人　北京联创种业股份有限公司

品种来源　CT07 是以美国杂交种 9907 为基础材料，经连续自交 5 代选育而成。

农艺性状　幼苗第一叶鞘深紫色，雄穗颖片浅紫色，花药浅紫色，花丝紫色，全株叶片数 16 片左右。株高 190cm，穗位 95cm，穗长 14 ～ 16cm，穗粗 4.2cm，穗行数 12 ～ 14 行，穗形筒形，籽粒橙色、偏硬粒型，穗轴红色。

抗性表现　田间自然表现抗大斑病、小斑病、弯孢菌叶斑病、瘤黑粉病、矮花叶病及茎腐病。

产量表现　一般产量 5 250 ～ 6 000 kg/hm²。

适宜区域　黄淮海地区、海南省及西北地区繁殖。

CT07 植株

CT07 果穗　　近似品种

丰早 303

品种权号　CNA20080527.4
授　权　日　2013 年 5 月 1 日
品种权人　内蒙古丰垦种业有限责任公司

品种来源　丰早 303 是以引自黑龙江省合江农业科学研究所的合 344 为母本，以 W618 为父本杂交组配而成。其中，父本 W618 是以 1994 年收集的内蒙古呼伦贝尔的乌尔其汉地区农家种火苞米为基础材料，经连续自交 8 代选育而成。

审定情况　蒙审玉 2010003 号

农艺性状　散粉期极早，抽丝期极早到早，雄穗颖片基部花青甙显色弱，雄穗主轴与侧枝角度大，雄穗侧枝直，雌穗花丝花青甙显色强度中，雄穗最高位侧枝以上主轴中到长，雄穗一级侧枝数极少到少，株高极矮，果穗长度短到中，果穗锥到筒形，籽粒硬粒型，籽粒顶端橙黄色、背面橙红色，穗轴颖片花青甙显色强度强。

适宜区域　内蒙古海拉尔农垦、大杨树农垦局、兴安盟农垦局和黑龙江省农垦局的部分农场种植。

丰早 303 植株　　近似品种

丰早 303 果穗　　近似品种

丰垦008

品种权号　CNA20080528.2
授　权　日　2013 年 5 月 1 日
品种权人　内蒙古丰垦种业有限责任公司

品种来源　丰垦 008 是以 K454 为母本，以引自扎鲁特旗良种场的扎 461 为父本杂交组配而成。其中，母本 K454 是以 K161-1-2 为母本，以扎 917 为父本杂交后，经连续自交 6 代选育而成。K161-1-2 是由（掖 478 × 掖 502）× 掖 52105 为基础材料，经连续自交 6 代选育而成。

审定情况　蒙审玉 2010007 号

农艺性状　散粉期早，抽丝期早，雄穗颖片基部花青甙显色强度无或极弱，雄穗主轴与侧枝角度大，雄穗侧枝中度下弯，雌穗花丝花青甙显色强度强，雄穗最高位侧枝以上主轴长，雄穗一级侧枝数少到中，株高极矮到矮，果穗长度中等，果穗锥到筒形，籽粒类型中间型，籽粒顶端黄色、背面橙色，穗轴颖片花青甙显色强度强。

抗性表现　抗玉米螟、丝黑穗病。

适宜区域　东北春玉米区且≥ 10℃有效积温 2 200 ～ 2 500℃的区域种植。

丰垦 008 雄穗　　近似品种

丰垦 008 果穗　　近似品种

景27

品种权号　CNA20080729.3
授　权　日　2013 年 5 月 1 日
品种权人　邵景坡

品种来源　景 27 是以引自涿州玉米研究所的美糯 973 为母本，以购自北京丰台种子交易会四川种都种业有限公司的种都超甜玉米为父本杂交后，经连续自交 10 代选育而成。

农艺性状　散粉期早到中，抽丝期极早到早，雄穗主轴与侧枝角度小，雄穗侧枝弯曲程度直，雌穗花丝花青甙显色强度缺乏或极弱，雄穗最高位侧枝以上主轴长度短，雄穗一级侧枝数极少，株高极矮，果穗长度极短到短，果穗形状中间型，籽粒类型中间型，籽粒顶端白色、背面淡黄色，穗轴颖片花青甙显色强度缺乏或极弱。

适宜区域　黄淮海地区作为春、夏播玉米种植。

景 27 雄穗　　　　　　　　　　近似品种

景 ZZG

品种权号　CNA20080730.7
授　权　日　2013 年 5 月 1 日
品种权人　邵景坡

品种来源　景 ZZG 是以甘肃酒泉京科糯 2000 制种地废弃的混杂籽粒中所发现的带有黑、紫、白 3 种颜色的籽粒为基础材料，经连续自交 5 代选育而成。

农艺性状　散粉期中，抽丝期中，雄穗主轴与侧枝角度极小，雄穗侧枝姿态直，雌穗花丝花青甙显色强度缺乏或极弱，雄穗最高位侧枝以上主轴长度短到中，雄穗一级侧枝数少，株高中等，果穗长度短到中，果穗圆筒形，籽粒硬粒型，籽粒顶端白色、背面白色，穗轴颖片花青甙显色强度缺乏或极弱。

适宜区域　黄淮海地区作为春、夏播玉米种植。

景 ZZG 果穗　　　　　近似品种

苏玉糯 11 号

品种权号　CNA20080733.1
授　权　日　2013 年 5 月 1 日
品种权人　江苏沿江地区农业科学研究所

品种来源　苏玉糯 11 号是江苏沿江地区农业科学研究所以自选系 T354 为母本，以 FH2 为父本杂交组配而成。

审定情况　苏审玉 200606、浙种引（2009）第 001 号

农艺性状　出苗整齐，苗势强，幼苗叶鞘紫色，叶片绿色，叶缘紫色。株型半紧凑，整齐度较好，株高 194.8cm 左右，穗位高 78.4cm 左右，双穗率 11.4% 左右，空秆率 0.9% 左右，成株叶片数 18 片左右。花药紫红色，雄穗颖片浅紫色，花丝红色。穗轴白色，穗长 18.6cm 左右，穗粗 4.3cm 左右，果穗秃顶 2.3cm 左右，穗行数 14 行左右，每行 36 粒左右，籽粒紫白相间，千粒鲜重 231.6g 左右，鲜出籽率 67.5% 左右。

品质测定　经江苏省鲜食糯玉米品种区域试验组织的专家品尝鉴定，外观品质和蒸煮品质达到部颁鲜食糯玉米二级标准。扬州大学农学院检测，苏玉糯 11 号支链淀粉占淀粉总量的 98.13%，达到糯玉米标准（NY/T524-2002）。

抗性表现　田间观察苏玉糯 11 号病害发生较轻，抗倒性较强。中国农业科学院作物科学研究所接种鉴定，苏玉糯 11 号中抗小斑病、纹枯病，高感矮花叶病。

苏玉糯 11 号植株

产量表现　2003—2004 年苏玉糯 11 号参加江苏省区试，平均亩产鲜果穗 801.1 kg，比对照品种苏玉糯 1 号增产 1.3%；2005 年生产试验平均亩产 791.9kg，比对照品种苏玉糯 1 号增产 9.1%。

适宜区域　江苏省春、夏、秋播地区以及东南、南方地区种植。

苏玉糯 11 号果穗

苏玉糯 14

品 种 权 号　CNA20080734.X
授 权 日　2013 年 5 月 1 日
品 种 权 人　江苏沿江地区农业科学研究所

品种来源　苏玉糯 14 是以白糯自交系 W5 为母本，以 W68 为父本杂交组配而成的鲜食深加工兼用型糯玉米单交种。

审定情况　国审玉 2008027

农艺性状　幼苗叶鞘紫色，叶片绿色，叶缘紫色。成株叶片数 18 片，株型半紧凑，株高 208.5cm，穗位高 86.0cm。花药紫红色，雄穗颖片青色，花丝红色。果穗长锥形，穗长 20.7cm，穗行数 13.2 行，穗轴白色，籽粒白色，粒型为糯质硬粒型，百粒重（鲜籽粒）37.6g。

品质测定　经国家东南区鲜食糯玉米品种区域试验组织专家品尝鉴定，品质评价平均 86.9 分，达到部颁鲜食糯玉米二级标准。经扬州大学两年测定，支链淀粉占总淀粉含量平均 98.41%，皮渣率达到部颁糯玉米标准（NY/T524-2002）。

抗性表现　经中国农业科学院作物所两年接种鉴定，中抗—感大斑病，中抗—抗小斑病，中抗—高抗茎腐病，高感—感玉米螟。

产量表现　2005—2006 年国家东南鲜食糯玉米组品种区域试验，平均亩产（鲜穗）837.5 kg，比对照品种苏玉（糯）1 号增产 29.9%。

适宜区域　广东、福建、浙江、江西、上海、江苏、安徽、广西、海南各省、市、自治区中等肥力以上土壤作鲜食糯玉米栽培。

苏玉糯 14 田间群体

苏玉糯 14 果穗

农华101

品种权号　CNA20090016.9
授 权 日　2013 年 5 月 1 日
品种权人　北京金色农华种业科技有限公司

品种来源　农华 101 是以自育系 M56 为母本，以外引系 Y121 为父本杂交组配而成。其中，母本 M56 是由德国杂交种与美国 1160R、1140D、X1132X 混合授粉后，经连续自交 8 代选育而成。

审定情况　国审玉 2010008、京审玉 2010003

农艺性状　幼苗叶鞘浅紫色，叶片绿色，叶缘浅紫色。株型紧凑，株高296cm，穗位高 101cm，成株叶片数 20 ～ 21 片。花药浅紫色，颖壳浅紫色，花丝浅紫色，果穗长筒形，穗长 18cm，穗行数 16 ～ 18 行，穗轴红色，籽粒黄色、马齿形，百粒重 36.7g。

品质测定　经农业部谷物及制品质量监督检验测试中心（哈尔滨）测定，籽粒容重 738g/L，粗蛋白含量 10.90 %，粗脂肪含量 3.48%，粗淀粉含量 71.35%，赖氨酸含量 0.32%。

抗性表现　经丹东农业科学院和吉林省农业科学院植物保护研究所接种鉴定，中抗丝黑穗病、茎腐病、弯孢菌叶斑病和玉米螟，抗灰斑病，感大斑病。经河北省农林科学院植物保护研究所接种鉴定，中抗矮花叶病，感大斑病、小斑病、瘤黑粉病、茎腐病、弯孢菌叶斑病和玉米螟，高感褐斑病和南方锈病。

产量表现　2008—2009 年参加东华北春玉米品种区域试验，平均亩产775.5kg；2009 年生产试验平均亩产 780.6kg。2008—2009 年参加黄淮海夏玉米品种区域试验，平均亩产 652.8kg；2009 年生产试验平均亩产 611.0kg。

适宜区域　北京市、天津市、河北省北部、山西省中晚熟区、辽宁省中晚熟区、吉林省晚熟区、内蒙古自治区赤峰地区、陕西省延安地区春播种植、山东省、河南省（不含驻马店）、河北省中南部、陕西省关中灌区、安徽省北部、山西省运城地区夏播种植。

农华 101 田间群体

H1087

品种权号　CNA 20090049.0
授 权 日　2013 年 5 月 1 日
品种权人　孟山都科技有限责任公司

　　品种来源　H1087 是以 H4423Z 为母本，以 D8118Z 为父本杂交组配而成。其中，父母本均含有 suwan 血缘。

　　农艺性状　茎秆"之"字形不明显，茎支持根绿色；叶片较为披散，穗位较低，抗倒伏性极强；雄穗侧枝姿态轻度下弯，花药黄色，花丝紫红色，植株中部花青甙显色明显；果柄短，果穗形状中间型，籽粒楔形，籽粒顶端黄色、背面橘黄色，穗轴白色。

　　适宜区域　广西壮族自治区、云南省等中国西南山地丘陵玉米主产区种植。

H1087 果穗、穗轴及籽粒

T3261

品种权号　CNA20090050.6
授 权 日　2013 年 5 月 1 日
品种权人　孟山都科技有限责任公司

品种来源　T3261 是以 B5165Z 为母本，以 D2822Z 为父本杂交组配而成。其中，父母本均含有 Tuxpeno 血缘。

农艺性状　茎秆"之"字形不明显，茎支持根紫色；叶片与茎秆夹角较小，叶片较为上冲，穗位较低，抗倒伏性极强；雄穗侧枝姿态轻度下弯，花药黄色，花丝浅紫色，植株中部叶鞘无花青甙显色；果柄短，果穗形状中间型，籽粒楔形，籽粒顶端橘黄色、背面橘红色，穗轴白色。

适宜区域　广西壮族自治区、云南省等中国西南山地丘陵玉米主产区种植。

T3261 果穗

T3261 籽粒

渝单 11 号

品种权号　CNA20090064.0
授 权 日　2013 年 5 月 1 日
品种权人　重庆市农业科学院

品种来源　渝单 11 号是以渝 549 为母本，以外引系交 51 为父本杂交组配而成。其中，母本渝 549 是以 78698 为母本，以 5005 为父本杂交后，经连续自交 8 代选育而成。

审定情况　国审玉 2006045

农艺性状　散粉期中到晚，抽丝期中到晚，雄穗颖片基部花青甙显色中，雄穗主轴与侧枝角度小，雄穗侧枝直或微弯，雌穗花丝花青甙显色强度无或极弱，雄穗最高位侧枝以上主轴长度短到中，雄穗一级侧枝数多到极多，株高中等，果穗长度短，果穗锥到筒形，籽粒偏马齿形，籽粒顶端、背面黄色，穗轴颖片花青甙显色强度无或极弱。

适宜区域　四川省、重庆市、湖南省、湖北省、云南省、广西壮族自治区、贵州省推广种植。

渝单 11 号花丝　　　　　近似品种

渝单 19 号

品种权号　CNA20090065.9
授 权 日　2013 年 5 月 1 日
品种权人　重庆市农业科学院

品种来源　渝单 19 号是以渝 8954 为母本，以外引系交 51 为父本杂交组配而成。其中，母本渝 8954 是以 [（89-1× 渝 549）×32] F_1 为基础材料，经连续自交 8 代选育而成。

审定情况　国审玉 2008013、渝审玉 2005003 号

农艺性状　散粉期中，抽丝期中，雄穗颖片基部花青甙显色强度强，雄穗主轴与侧枝角度小到中，雄穗侧枝弯曲程度直或微弯，雌穗花丝花青甙显色无或极弱，雄穗最高位侧枝以上主轴长度中，雄穗一级侧枝数多，株高中等，果穗长度短到中，果穗锥到筒形，籽粒偏马齿形，籽粒顶端黄色、背面橘黄色，穗轴颖片花青甙显色强度中。

适宜区域　四川省、重庆市、湖南省、湖北省、云南省、广西壮族自治区、贵州省推广种植。

渝单 19 号果穗及穗轴　　　　　　近似品种

洛玉 6 号

品种权号　CNA20090579.8
授 权 日　2013 年 5 月 1 日
品种权人　洛阳农林科学院

品种来源　洛玉 6 号是以 ZK05-1 为母本，以 ZK02-2 为父本杂交组配而成。其中，母本 ZK05-1 是以从掖 478 杂种中选育出的 L68 为母本，以郑 58 为父本杂交后，经连续自交 6 代选育而成；父本 ZK02-2 是以昌 7-2 为母本，以 H21 为父本杂交后，经连续自交 5 代选育而成。

审定情况　豫审玉 2008012

农艺性状　散粉期中到晚，抽丝期中到晚，雄穗颖片基部花青甙显色强度中，雄穗主轴与侧枝角度小到中，雄穗侧枝轻度下弯，雌穗花丝花青甙显色强度中，雄穗最高位侧枝以上主轴长度极长，雄穗一级侧枝数多，株高中等，果穗长度中等，果穗锥到筒形，籽粒马齿形，籽粒顶端淡黄色、背面黄色，穗轴颖片花青甙显色强度无或极弱。

适宜区域　黄淮海流域中等以上肥力土地种植。

洛玉 6 号雄穗　近似品种

洛玉 6 号花丝　近似品种

洛玉 7 号

品种权号　CNA20090580.5
授　权　日　2013 年 5 月 1 日
品种权人　洛阳市中垦种业科技有限公司

品种来源　洛玉 7 号是以 LZ05-1 为母本，以 ZK02-1 为父本杂交组配而成。其中，母本 LZ05-1 是以郑 58 为母本，以由 673 和 246 中选出的二环系 ZK04-1 为父本杂交后，经自交 6 代选育而成；父本 ZK02-1 是以昌 7-2 为母本，以 H21 为父本杂交后，经连续自交 5 代选育而成。

审定情况　豫审玉 2009017

农艺性状　散粉期中到晚，抽丝期中，雄穗颖片基部花青甙显色强度无或极弱，雄穗主轴与侧枝角度中，雄穗侧枝轻度下弯，雌穗花丝花青甙显色弱，雄穗最高位侧枝以上主轴长度极长，雄穗一级侧枝数中，株高中等，果穗长度短，果穗锥到筒形，籽粒偏马齿形，籽粒顶端黄色、背面橙黄色，穗轴颖片花青甙显色强度无或极弱。

适宜区域　黄淮海流域中等以上肥力水浇地夏播种植。

洛玉 7 号雄穗　　　　近似品种

洛玉 8 号

品种权号　CNA20090581.4
授 权 日　2013 年 5 月 1 日
品种权人　洛阳农林科学院

品种来源　洛玉 8 号是以 LZ06-1 为母本，以 ZK02-1 为父本杂交组配而成。其中，母本 LZ06-1 是以郑 58 为母本，以铁 7922 为父本杂交后，经自交 6 代选育而成。

审定情况　豫审玉 2009027

农艺性状　散粉期中到晚，抽丝期中，雄穗颖片基部花青甙显色强度无或极弱，雄穗主轴与侧枝角度小，雄穗侧枝直或微弯，雌穗花丝花青甙显色弱，雄穗最高位侧枝以上主轴长度极长，雄穗一级侧枝数中，株高矮，果穗长度短，果穗筒形，籽粒偏马齿形，籽粒顶端黄色、背面橙黄色，穗轴颖片花青甙显色强度无或极弱。

适宜区域　黄淮海流域中等以上肥力水浇地夏播种植。

洛玉 8 号果穗　　　近似品种

洛玉 8 号花丝　　近似品种

大　豆

菏豆14号

品种权号　CNA20080113.9
授 权 日　2013年5月1日
品种权人　菏泽市农业科学院

品种来源　菏豆14号是以菏84-5为母本，以美国9号为父本进行杂交，采用系谱法通过连续5代定向选育而成。

审定情况　鲁农审2006034号

农艺性状　亚有限结荚习性，中晚熟。株高89.7 cm，株型收敛，抗倒伏。有效分枝1.6个，主茎17.7节，单株粒数70.5粒，百粒重19.7 g。圆叶、白花、灰毛、落叶、不裂荚、籽粒椭圆形，种皮黄色，脐褐色。

品质测定　2003年经农业部食品质量监督检验测试中心（北京）检测（干基）：蛋白质含量38.6%，脂肪含量21.3%；2005年经农业部食品质量监督检验测试中心（济南）检测（干基）：蛋白质含量39.4%，脂肪含量20.7%。

抗性表现　田间调查花叶病毒病发病较轻。

产量表现　2003—2004年山东省大豆区域试验，平均亩产185.4 kg，比对照品种鲁豆11号增产7.86%。2005年生产试验平均亩产189.5 kg，比对照品种鲁豆11号增产16.78%。

适宜区域　鲁南、鲁西南、鲁北、鲁西北、鲁中地区作为夏大豆品种推广利用。

菏豆14号植株

菏豆 15 号

品种权号　CNA 20080114.7
授　权　日　2013 年 5 月 1 日
品种权人　菏泽市农业科学院

品种来源　菏豆 15 号是以豫豆 25 号为母本，以菏豆 12 号为父本进行杂交，采用系谱法通过连续 5 代定向选育而成。

审定情况　鲁农审 2007026 号、国审豆 2008005

农艺性状　有限结荚习性，平均生育期 107 天，株高 71.8 cm，株型收敛，卵圆叶，紫花，灰毛，主茎 15.4 节，有效分枝 2.3 个。单株有效荚数 37.3 个，单株粒数 72.4 粒，单株粒重 13.9 g，百粒重 19.6 g。籽粒椭圆形、黄色、有光、褐色脐。

品质测定　粗蛋白质含量 44.13%，粗脂肪含量 18.36%。

抗性表现　接种鉴定，中感花叶病毒病 SC3 株系，中感大豆孢囊线虫病 1 号生理小种。

产量表现　2006—2007 年区域试验亩产 163.4 kg，比对照品种徐豆 9 号增产 5.7%。2007 年生产试验，亩产 166.9 kg，比对照品种徐豆 9 号增产 11.0%。

适宜区域　山东省西南部、河南省驻马店及周口地区、江苏省徐州及淮安地区、安徽省淮河以北地区夏播种植。

菏豆 15 号植株

菏豆 16 号

品 种 权 号　CNA20080115.5
授 权 日　2013 年 5 月 1 日
品种权人　菏泽市农业科学院

品种来源　菏豆 16 号是以菏 84-5 为母本，以引自的豆交 61 为父本进行杂交，采用系谱法通过 7 代连续定向选育而成。

审定情况　鲁农审 2007027 号

农艺性状　亚有限结荚习性，属中熟夏大豆品种。生育期 106 天，株高 98 cm，株型收敛，有效分枝 1.8 个，主茎 18.3 节。单株粒数 87.6 粒，百粒重 16.7 g。圆叶、白花、灰毛、落叶、不裂荚，籽粒圆形，种皮黄色，脐褐色。

品质测定　2004 年、2006 年经农业部食品质量监督检验测试中心（济南）品质分析（干基）：平均蛋白质 35.7%，脂肪 21.2%。

抗性表现　田间调查花叶病毒病较轻。

产量表现　在 2004—2005 年全省大豆品种区域试验中，亩产 183.4 kg，比对照品种鲁豆 11 号增产 7.8%；在 2006 年生产试验中，亩产 179.8 kg，比对照品种鲁豆 11 号增产 7.4%。

适宜区域　鲁南、鲁西南、鲁中、鲁西北地区作为夏大豆品种推广利用。

菏豆 16 号植株

菏豆 17 号

品种权号　CNA20080116.3
授 权 日　2013 年 5 月 1 日
品种权人　菏泽市农业科学院

品种来源　菏豆 17 号是以菏 84-5 为母本，以中作 85022-205 为父本进行杂交，采用系谱法通过连续 5 代定向选育而成。

农艺性状　亚有限结荚习性，黄淮夏播生育期 105 天左右，株高 95.01 cm，株型收敛。卵圆叶，紫花、灰毛，主茎 19.01 节，有效分枝 2.59 个。底荚高度 16.05 cm，单株有效荚数 39.72 个，百粒重 17.11 g。籽粒椭圆形，种皮黄色，有微光泽，脐浅褐色。不裂荚，落叶性好，抗倒性好。

品质测定　蛋白质含量 38.29%，脂肪含量 21.31%。

抗性表现　中感 SMV SC3 株系、SC8 株系、对 SMV SC11 株系的抗性表现为感病，中抗 SMV SC13 株系，中抗 SCN 的 1 号生理小种。

产量表现　2005—2006 年黄淮海南片区域试验平均 2 579.7 kg/hm^2，平均增产 10.34%。2007 年参加生产试验平均 2 472.75 kg/hm^2，比对照品种徐豆 9 号增产 9.69%。

适宜区域　山东、河南、安徽、江苏等省的夏大豆区推广种植。

菏豆 17 号田间群体

菏豆18号

品种权号　CNA20080117.1
授权日　2013年5月1日
品种权人　菏泽市农业科学院

品种来源　菏豆18号是以菏84-5为母本，以中作85022-205为父本进行杂交，采用系谱法通过连续5代定向选育而成。

审定情况　鲁农审2009032号

农艺性状　有限结荚习性，属中晚熟夏大豆品种。株高96.3 cm，株型收敛。有效分枝1.8个，主茎19.7节，单株粒数100.6粒，百粒重19.6 g，圆叶、紫花、棕毛、落叶、不裂荚，籽粒圆形，种皮黄色，脐褐色。

品质测定　2006年、2008年经农业部食品质量监督检验测试中心（济南）品质分析（干基）：平均蛋白质含量40.3%，脂肪21.5%。

抗性表现　田间调查花叶病毒病较轻。

产量表现　2006—2007年山东省夏大豆品种区域试验平均亩产194.1 kg，比对照品种鲁豆11号增产13.8%；2008年生产试验平均亩产207.4 kg，比对照品种菏豆12号减产0.3%。

适宜区域　鲁南、鲁西南地区作为夏大豆品种推广。

菏豆18号植株

北豆 14 号

品种权号　CNA20080153.8
授 权 日　2013 年 5 月 1 日
品种权人　黑龙江省农垦科研育种中心华疆科研所

品种来源　北豆 14 号是以北疆 94-384 为母本，以北 93-454 为父本进行杂交，采用系谱法经 5 代定向选育而成。

农艺性状　无限结荚习性。胚轴浅紫色，主茎茸毛灰色，小叶三角形，复叶的小叶数三小叶，花冠紫色，开花期中早，株高中高，成熟期晚，落叶性落叶，荚果微弯镰形，成熟荚果深褐色，籽粒中大粒，种子椭圆形，种皮黄色，子叶黄色，种脐黄色，种皮不开裂。

适宜区域　黑龙江省第四积温区中等肥力的土壤，北 93-454 等品种种植区域种植。

北豆 14 号幼苗　　近似品种

北豆20

品种权号　CNA 20080154.6
授 权 日　2013 年 5 月 1 日
品种权人　黑龙江省农垦科研育种中心华疆科研所

品种来源　北豆 20 是以北豆 5 号为母本，以北丰 2 号为父本进行杂交，采用系谱法通过 5 代定向选育而成。

审定情况　国审豆 2008013

农艺性状　无限结荚习性，胚轴深紫色，主茎茸毛灰色，小叶形状三角形，复叶的小叶数三小叶，花冠紫色，开花期中早，株高中高，成熟期晚，落叶，荚果微弯镰形，荚果灰褐色，籽粒中大粒，种子圆形，种皮黄色，子叶黄色，种脐黄色，种皮不开裂。

适宜区域　黑龙江省第四积温区中等肥力的土壤，北豆 5 号等品种种植区域种植。

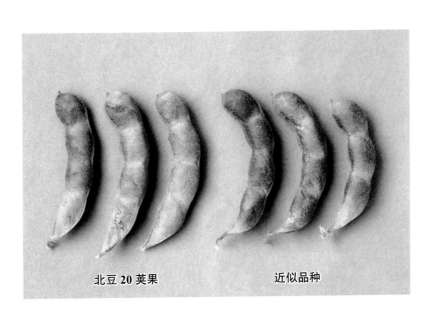

北豆 20 荚果　　　　近似品种

垦丰 17 号

品种权号　CNA20080185.6
授权日　2013 年 5 月 1 日
品种权人　黑龙江省农垦科学院

品种来源　垦丰 17 号是以北丰 8 号为母本，以长农 5 号为父本进行杂交，采用系谱法通过 5 代定向选育成。其中，母本北丰 8 号由黑龙江省北安农场管理局选育；父本长农 5 号由吉林省长春市农科所选育。

审定情况　黑审豆 2007015

农艺性状　亚有限结荚习性，株高 90 cm 左右，长叶，紫花，灰茸毛，叶片大小中等，叶色浓绿。以主茎结荚为主，基本无分枝，三四粒荚较多，荚呈弯镰形，成熟荚果褐色，底荚高 13 cm。籽粒圆形，种皮黄色，有光泽，种脐黄色，百粒重 20 g 左右。

品质测定　粗蛋白质含量 38.87%，粗脂肪含量 21.23%。

抗性表现　中抗灰斑病。

产量表现　2003—2004 年区试平均产量 2 440.2 kg/hm²，2005 年生试平均产量 2 637.2 kg/hm²，分别比对照品种合丰 35 平均增产 10.6% 和 17.1%。

适宜区域　黑龙江省第二积温带地区种植。

垦丰 17 号田间群体

垦丰 17 号植株

垦丰18号

品种权号　CNA20080186.4
授 权 日　2013年5月1日
品种权人　黑龙江省农垦科学院

品种来源　垦丰18号是以引自黑龙江省北安农场管理局的北丰11号为母本，以黑农40号为父本进行杂交，采用系谱法经5代定向选择育成。

审定情况　黑垦审豆［2007］006

农艺性状　无限结荚习性，为中熟品种。株高90 cm左右，长叶，紫花，灰茸毛。以植株中下部结荚为主，有分枝，荚呈弯镰形，成熟荚果黑褐色，底荚高15 cm左右。籽粒椭圆形，种皮黄色，有光泽，种脐黄色，百粒重20 g左右。

品质测定　粗蛋白质含量39.41%，粗脂肪含量21.18%。

抗性表现　抗灰斑病。

产量表现　2004—2005年区试平均产量2 446.0 kg/hm^2，2006年生试平均产量2 650.7 kg/hm^2，分别较对照品种绥农14平均增产11.1%和7.4%。

适宜区域　黑龙江垦区松乌黑三角洲区。

垦丰18号田间群体

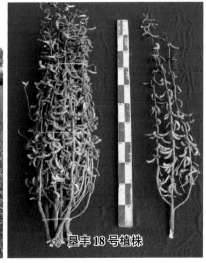

垦丰18号植株

垦丰 19 号

品种权号　CNA20080187.2
授　权　日　2013 年 5 月 1 日
品种权人　黑龙江省农垦科学院

品种来源　垦丰 19 号是以合丰 25 号为母本，以（肯丰 4 号 × 公 8861-0）F_1 为父本进行杂交，采用系谱法经 5 代选择育成。

审定情况　黑垦审豆［2007］007

农艺性状　亚有限结荚习性，株高 65 cm 左右，主茎结荚为主。尖叶，白花，茸毛棕色。顶荚丰富，三四粒荚多，荚果棕色。籽粒圆形，种皮浓黄色，有光泽，脐黄色，百粒重 19 g 左右。

品质测定　蛋白质含量 42.52 %，脂肪含量 19.26 %。

抗性表现　中抗灰斑病。

产量表现　2004—2005 年区试平均产量 2 410.2 kg/hm²，2006 年生试平均产量 2 512.8 kg/hm²，比对照品种宝丰 7 号平均增产 8.2% 和 11.7%。

适宜区域　黑龙江省第三积温带垦区东北部。

垦丰 19 号田间群体

垦丰 19 号植株

蒙 9801

品种权号　CNA20080289.5
授 权 日　2013 年 5 月 1 日
品种权人　安徽省农业科学院作物研究所

品种来源　蒙 9801 是以中豆 20 为母本，以豫豆 19 为父本杂交后，采用系谱法，经过连续 8 代定向选育而成。

审定情况　皖品审 07040566

农艺性状　亚有限结荚习性，成熟期中，落叶。胚轴绿色，主茎茸毛灰色，小叶卵圆形，复叶的小叶数三小叶，花冠白色，开花期中早，株高中等。荚果直到微弯，荚果褐色。种子中大、椭圆形，种皮浅黄色，子叶黄色，种脐褐色，种皮中度开裂。

适宜区域　皖北、苏北、豫东南、鲁南等黄淮南部地区种植。

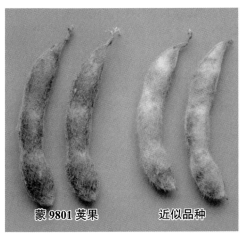

蒙 9801 荚果　　　　近似品种

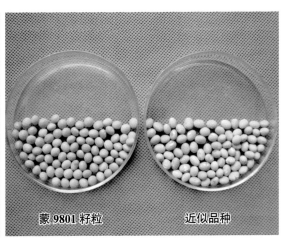

蒙 9801 籽粒　　　　近似品种

龙豆 2 号

品种权号　CNA20080494.4
授　权　日　2013 年 5 月 1 日
品种权人　黑龙江省农业科学院作物育种研究所

品种来源　龙豆 2 号是以合交 93-88 为母本，以黑农 37 为父本杂交后，经系谱法选育而成的常规品种。

审定情况　黑审豆 2010009

农艺性状　亚有限结荚习性。株高 85 cm 左右，无分枝，紫花，圆叶，灰白色茸毛，荚弯镰形，成熟时呈褐色。种子圆形，种皮黄色，种脐黄色，有光泽，百粒重 21.5 g 左右。

品质测定　蛋白质含量 38.6%，脂肪含量 21.0%。

抗性表现　接种鉴定中抗灰斑病。

产量表现　2007—2008 年区域试验平均产量 2 523.2 kg/hm^2，比对照品种绥农 14 和绥农 28 号增产 15.4%；2008 年生产试验平均产量 2 582.2 kg/hm^2，比对照品种绥农 28 号增产 8.1%。

适宜区域　黑龙江省第二积温带种植。

龙豆 2 号幼苗　近似品种

龙豆 2 号的花

近似品种

徐豆 15

品种权号　CNA20080506.1
授 权 日　2013 年 5 月 1 日
品种权人　江苏徐淮地区徐州农业科学研究所

品种来源　徐豆 15 是以徐 842-79-1 为母本，以徐豆 9 号为父本杂交后，采用系谱法经过连续 8 代定向选育而成。

审定情况　苏审豆 200705

农艺性状　有限结荚习性，黄淮夏大豆，生育期 104 天。植株直立，株高 63 cm，底荚高 11.5 cm，主茎节数 13 节，分枝 2～3 个。叶片卵圆形，叶片绿色。紫花，茸毛灰色。单株结荚 41.5 个，成熟荚果草黄色。椭圆粒形，种皮黄色，微有光泽，种脐淡褐色，百粒重 21.5 g。成熟时落叶性好，不裂荚。

品质测定　蛋白质含量 43.9%，脂肪含量 19.6%。

抗性表现　抗倒伏性强。中抗大豆花叶病毒病。

产量表现　2004—2005 年江苏省淮北夏大豆区域试验，平均产量 2 745.0 kg/hm^2，比对照品种泗豆 11 增产 5.6%。2006 年生产试验，平均产量 2 544.0 kg/hm^2，比对照品种泗豆 11 增产 9.5%。

适宜区域　苏、皖淮北地区、鲁南、豫中南等地作夏播种植。

徐豆 15 植株

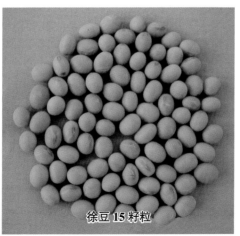

徐豆 15 籽粒

泗豆 520

品种权号　CNA20080526.6
授 权 日　2013 年 5 月 1 日
品种权人　江苏省农业科学院宿迁农科所

品种来源　泗豆 520 是以泗豆 288 为母本，以大粒王为父本杂交后，采用系谱法经过连续 5 代定向选育而成。

审定情况　苏审豆 200904

农艺性状　无限结荚习性，成熟期中早，落叶。胚轴浅紫色，主茎茸毛棕色，小叶卵圆形，复叶的小叶数三小叶，花冠浅紫色，开花期极早，株高中等。荚果直到微弯，成熟荚果褐色，百粒重中等。种子圆形，种皮黄色，子叶黄色，种脐蓝色，种皮轻度开裂。

抗性表现　抗花叶病毒，抗倒性好。

适宜区域　江苏省淮北、皖北、豫东等地作夏大豆种植。

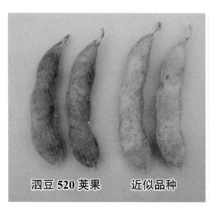

泗豆 520 荚果　　　近似品种

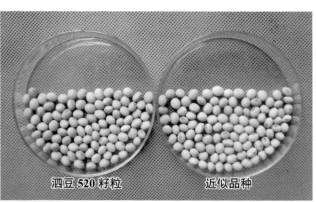

泗豆 520 籽粒　　　近似品种

天隆二号

品种权号　CNA20090534.2
授 权 日　2013 年 5 月 1 日
品种权人　中国农业科学院油料作物研究所

品种来源　天隆二号是以中豆 29 为母本，以中豆 32 为父本杂交后，经系谱法选育而成的春大豆品种。

审定情况　国审豆 2009026

农艺性状　在国家区域试验中全生育期为 109 天，属南方春大豆中晚熟品种。株高中等，底荚高度适合机械收获，分枝数较多，抗倒伏性好，四粒荚多，单株粒重 10.7 g，百粒重 17.5 g，完全粒率 86.21%，紫、褐斑粒率少，其他粒率 8.75%。种皮、子叶黄色，种脐淡褐色。

品质测定　经农业部谷物质量监督检验中心测定，平均蛋白质含量 42.69%，脂肪含量 21.20%，蛋白质 + 脂肪总含量 63.89%，属双高品种。

抗性表现　田间植株感大豆病毒病程度极轻，抗逆性好。经人工接种大豆花叶病毒流行株系 SC3、SC7 鉴定表现抗病。

产量表现　国家长江流域春大豆品种区试两年平均亩产 165.9 kg，生产试验平均亩产 173.7 kg，比对照品种湘春 10 号增产 17.6%。栽培试验亩产达到 210 kg 水平。

适宜区域　长江流域的江苏省、安徽省芜湖地区、江西省、重庆市、湖南省长沙市、湖北省、四川省自贡地区等地推广种植。

天隆二号植株

天隆二号荚果、籽粒

浙鲜豆5号

品种权号　CNA20090575.2
授　权　日　2013年5月1日
品种权人　浙江省农业科学院

品种来源　浙鲜豆5号是以北引2号为母本，以台湾75为父本杂交后，经常规育种法自交7代选育而成。

审定情况　浙审豆2008001、国审豆2009023

农艺性状　有限结荚习性，生长期为91天，属晚熟鲜食春大豆品种。株高30～35 cm，主茎节数9个，分枝数2.0个，白花、灰毛，鲜荚绿色，种皮绿色。单株荚数平均约25个，多粒荚率66.1%，单株鲜荚重40.2 g。标准荚数每斤为200个，荚长×荚宽为5.1 cm×1.34 cm，标准荚率为67.6%，百粒鲜重65.9 g。

品质测定　新鲜籽粒可溶性总糖含量3.77%，淀粉含量3.35%。经全国区试全部试点的口感鉴定，51.4%试点认为其口感属香甜柔糯型，为A级产品，综合表现为口感品质较好。

抗性表现　人工接种鉴定结果：对大豆花叶病毒流行株系SC3、SC7分别表现抗病和中感；田间表现抗大豆花叶病，耐肥抗倒，较耐阴。

产量表现　2006—2007年国家鲜食大豆区试平均亩产鲜荚804.3 kg，比对照品种AGS292增产6.2%；2008年参加国家鲜食大豆生产试验平均亩产鲜荚784.8 kg，比对照品种AGS292增产6.2%。

适宜区域　北京、上海、江苏、安徽、浙江、江西、湖南、湖北、四川、广西、广东、云南、贵州、海南等省、市作春播鲜食大豆品种种植。

浙鲜豆5号植株

浙鲜豆5号籽粒

甘薯

冀薯 65

品种权号	CNA20090122.0
授权日	2013 年 5 月 1 日
品种权人	河北省农林科学院粮油作物研究所

品种来源 冀薯 65 是由引自江苏徐州的中国甘薯研究中心的徐 01-2-20 的 F_1 种子，经催芽后进行播种、移栽，进行第一次选择优良单株；此后，对产生的株薯块催芽后移栽，进行第二次选择，采用人工定向组配杂交获得杂交种子，再从其实生苗分离世代中筛选出符合育种目标的株系。

农艺性状 萌芽均匀，萌芽数量多，顶芽形状平，茎顶部茸毛少。叶片小到中，叶柄长度中到长，叶片心形，无叶耳，叶缘全缘，无裂片，顶叶绿色，叶绿色，叶背绿色，叶片无紫边，叶脉淡绿色，脉基淡紫色，叶柄绿色，柄基淡紫色。株型匍匐，茎蔓色绿带紫，蔓长度长，不现蕾，节间长度短到中，茎粗中，分枝数少到中。薯形长纺锤形，薯块毛根少，薯蒂长度短，结薯较集中，薯形整齐，薯块大小整齐度为较整齐到整齐，薯块表面呈缺陷星点状，无裂皮，薯皮红色，薯皮颜色深度浅，薯肉白色，薯肉颜色深度深，皮层厚度薄。

适宜区域 中国北方甘薯区种植。

冀薯 65 薯块

冀薯 65 叶片　　　　近似品种

绿 豆

湘绿 1 号

品种权号 CNA20080837.0
授 权 日 2013 年 5 月 1 日
品种权人 陈国庆

品种来源　湘绿 1 号以黑葵子为母本，以黄花豆为父本杂交后，经自交 5 代选育而成的常规品种。

农艺性状　株高 90～91 cm，叶长 19 cm，叶宽 16 cm，叶柄长 26 cm；五分枝，12～14 枝穗，每枝穗 4～6 荚；荚长粒大，每荚 16～20 粒，每百粒重 7 g；绿色，荚、豆表面有细毛。

抗性表现　抗病、抗旱较强。

产量表现　一般为 2 250 kg/hm²。

适宜区域　全国各地广泛种植。

湘绿 1 号田间群体

棉 属

瑞龙棉

品种权号	CNA20070105.3
授 权 日	2013 年 3 月 1 日
品种权人	董学光

品种来源 瑞龙棉是以苏棉 5 号为母本，泗棉 3 号为父本杂交后，经 6 代系选育而成。

农艺性状 无限果枝类型。幼苗期叶片绿色，叶背有蜜腺，叶片色素无腺体，开花期较早到中，第一果枝节位中到高，叶片鸭掌形，叶背中脉有茸毛、茸毛密度少，果枝与主茎夹角大，第一果节长度长，株型筒形，主茎有茸毛，主茎茸毛密度稀，叶片大，花铃期叶片绿色，花瓣乳白色，花瓣基部无红斑，花药白色，柱头高度低于雄蕊，铃形卵圆形，铃大小中等，铃柄长度中等，铃表面光滑程度光滑到中，铃尖突起程度中到强，苞叶大小中到大，株高中到较高，生育期早，吐絮程度中，皮棉白色，单铃子棉重量重，衣分较低到中，纤维长度中，纤维整齐度好，纤维断裂比强度中，纤维马克隆值高，子指大。

抗性表现 抗枯萎病，耐黄萎病，感棉铃虫。

适宜区域 黄淮流域种植。

瑞龙棉单株

甘蓝型油菜

DH0815

品种权号　CNA20080241.0
授　权　日　2013 年 5 月 1 日
品种权人　贵州省油菜研究所

品种来源　DH0815 是以隐性核不育材料 850A 为母本，以恢复系 HF15 为父本配制的杂交种。

审定情况　赣审油 2006005

农艺性状　种皮黑褐色，叶片中绿色，叶片裂叶型，叶片裂片数目少，叶缘锯齿，叶片长度中等到长，叶片极宽，叶柄长度中等，越冬习性半直立。花期中等到晚，有花瓣，花瓣形态侧叠，花瓣淡黄色，花瓣长度中等到长，花瓣宽度中等到宽，有花粉，植株高度高。角果果身长度短到中等，角果喙长度中等，角果柄长度中等到长，角果着生角度直生，均匀分枝，一级侧枝数目中，千粒重高。

适宜区域　长江上、中、下游及相邻的河南、陕西省等省（市、自治区）作冬油菜区种植。

DH0815 叶片　　　　　近似品种

花　生

珍珠红 1 号

品种权号　CNA20080501.0
授 权 日　2013 年 5 月 1 日
品种权人　广东省农业科学院作物研究所

品种来源　珍珠红 1 号是以湛油 12 为母本，以狮油红 4 号为父本杂交得到 F_1，再以其为母本，以湛油 12 为父本杂交，此后采用改良系谱法，经连续自交 5 代选育而成。

审定情况　粤审油 2002002

农艺性状　主茎高，分枝数多，株型直立，分枝习性为疏枝，茎部花青素绿，开花习性为连续开花，成熟期早，种子休眠性强，荚果大小中，荚果普通形，籽仁三角形，内种皮浅黄色。

适宜区域　南方花生两熟制地区的水田、旱坡地种植。

珍珠红 1 号荚果　　　　　　　近似品种

粤油7号

品种权号 CNA20080503.7
授 权 日 2013年5月1日
品种权人 广东省农业科学院作物研究所

品种来源 粤油7号是以台南12为母本,以粤油79为父本杂交后,经改良系谱法选育5代而成。

审定情况 粤审油2004001、赣认花生2007001

农艺性状 主茎高度中,分枝数多,株型直立,分枝习性为疏枝,茎部花青素绿。开花习性为连续开花,成熟期早,种子休眠性强。荚果大小中,荚果形状普通形,籽仁椭圆形,内种皮白色。

品质测定 农业部油料及制品质量监督检测中心检测结果显示,油含量52.30%,蛋白质含量26.61%。

适宜区域 华南花生产区水旱轮作田种植,不要连作。

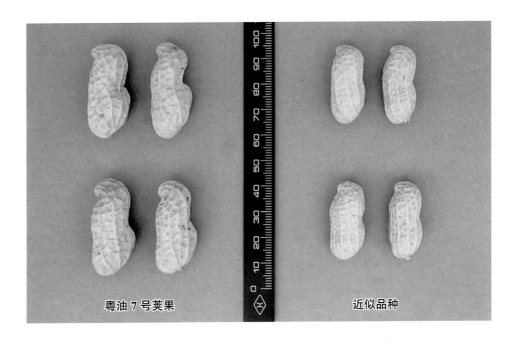

粤油7号荚果　　　　　　　近似品种

粤油 40

品种权号　CNA20080504.5
授 权 日　2013 年 5 月 1 日
品种权人　广东省农业科学院作物研究所

品种来源　粤油 40 是以粤油 92 为母本，以广东省农家种湛秋 48 为父本杂交，经改良系谱法选育 5 代而成。

审定情况　粤审油 2008005

农艺性状　主茎高，分枝数多，株型直立，分枝习性为疏枝，茎部花青素绿，开花习性为连续开花，成熟期早，种子休眠性强，荚果大小中等，荚果形状普通形，籽仁椭圆形，内种皮白色。

抗性表现　生长试验种植生势强，表现抗倒性，耐旱性，耐涝性均较强。试验地田间种植表现，中抗青枯病、叶斑病，高抗锈病，抗逆性较强。

适宜区域　南方花生两熟制地区的水田、旱坡地种植。

粤油 40 荚果　　　　　　　近似品种

大白菜

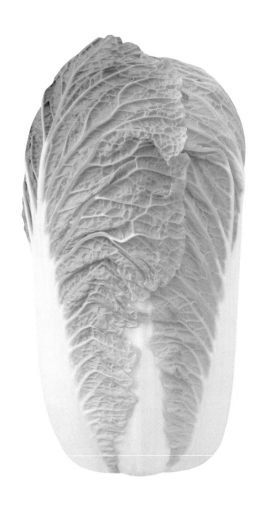

中白 62 号

品种权号　CNA20080593.2
授 权 日　2013 年 5 月 1 日
品种权人　中国农业科学院蔬菜花卉研究所

品种来源　中白 62 号是 B60532 与 B60533 杂交组配而成的一代杂交种。其中，B60533 是由吉林地方品种矬菜材料 SPC 经自交 14 代选育而成；B60532 是由天津青麻叶类型材料 JN 经自交 7 代选育而成。

审定情况　国品鉴菜 2008019、京审菜 2008009

农艺性状　秋早熟青麻叶类型，成熟期 60～65 天。植株直立，深绿色，株型紧凑，叶面无毛、少皱、有光泽，叶缘波褶小而浅，叶柄浅绿。株高 39 cm，开展度 57 cm。球高 35 cm，球宽 13 cm，球形指数 2.8，外叶数 11 片，球叶数 27 片。叶球重 1.6 kg，净菜率 65.0%。

品质测定　农业部蔬菜品质监督检验测试中心（北京）检测结果为：鲜样含维生素 C 含量 39.8 mg/100 g、水分 94.2%，总糖 2.49%，粗蛋白 1.14%。国家饲料质量监督检验中心（北京）测定粗纤维 0.53%。

抗性表现　北京市农林科学院植物保护环境保护研究所鉴定，高抗病毒病、霜霉病、黑腐病。

产量表现　一般在 60 000 kg/hm² 左右。2006—2007 年全国区域试验平均每公顷产净菜 59 007 kg，比对照品种小杂 60 增产 10.6%，增产极显著。2007 年全国生产试验平均每公顷产净菜 62 421 kg，比对照品种小杂 60 增产 14.0%。

适宜区域　东北、华北、西北、云贵高原及四川盆地等种植早熟青麻叶类型的地区种植。

中白 62 号叶球

秋早60

品种权号　CNA20080633.5
授　权　日　2013年5月1日
品种权人　西北农林科技大学

品种来源　秋早60是以03S143为母本，以04S587为父本组配杂交而成的一代杂交种。其中，母本03S143是由日本无双经自交4代选育而成；父本04S587是以96Q101-26为母本，以72M为父本杂交后，经自交7代选育而成。

农艺性状　子叶大小小到中，子叶颜色中绿，植株生长习性为半直立，植株矮到中，植株开展度大。外叶长度中，外叶宽、倒卵形，外叶黄绿色，外叶无花青甙显色，外叶光泽度中，外叶茸毛密度中，外叶纵切面形状凹；外叶叶缘波状程度弱、无缺刻、钝锯齿；外叶泡状突起小、突起数量少，外叶叶脉不明显，外叶中肋绿白色、中肋横切面形状凹，中肋长度中、宽度宽、厚度中到厚。叶球头球形，叶球高度矮，叶球宽度中到大，叶球闭合、抱合类型叠抱、顶部形状圆，叶球上部绿色、绿色程度中，叶球内叶浅黄色，叶球重量中，叶球中心柱长圆形、长度长，叶球无花蕾，无侧芽，收获期晚。

品质测定　陕西省农产品质量监督检验站营养分析结果为：干物质4.96%，维生素C含量22.4 mg/100g，可溶性糖2.20%，粗蛋白1.12%，总酸0.054%，粗纤维0.50%。

抗性表现　高抗病毒病、软腐病和黑斑病，抗霜霉病。

适宜区域　全国栽培叠抱类型大白菜的地区均可种植。

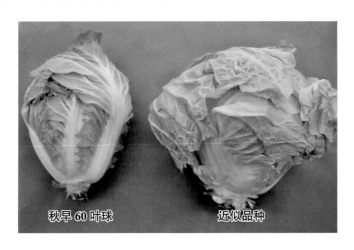

秋早60叶球　　　　近似品种

浙白6号

品种权号　CNA20090303.1
授　权　日　2013 年 5 月 1 日
品种权人　浙江省农业科学院

品种来源　浙白 6 号是以自交不亲和系 S99-PB533 为母系，自交不亲和系 S02-PB658 为父系配制而成的一代杂种。其中，母本 S99-PB533 是春王大白菜经多代自交筛选而成；父本 S02-PB658 是早熟 5 号大白菜的自交后，经连续 6 代自交选育而成。

审定情况　浙认蔬 2008009

农艺性状　苗用型大白菜。株型紧凑，叶长 30 cm、叶宽 16 cm；叶片浅绿色，叶面光滑、无毛。质糯、风味佳、品质优；耐寒性强，耐抽薹性较好；较耐热耐湿；生长势旺，生长速度快。一般播种后 30 天可陆续采收，高温季节 25 ～ 30 天采收，冬春季 40 ～ 60 天采收。

品质测定　含水量 94.7%，粗蛋白含量 1.79%，粗纤维含量 0.64%，总酸含量 0.084%，维生素 C 含量 37.3 mg/100 g，可溶性糖含量 0.51%。

抗性表现　抗霜霉病、病毒病和软腐病。

产量表现　平均产量为 18 000 kg/hm²。

适宜区域　长江流域及东北、华北、西南地区种植。

浙白 6 号幼苗

浙白 6 号田间群体

普通结球甘蓝

铁头八号

品种权号　CNA20080658.0
授 权 日　2013 年 5 月 1 日
品种权人　北京华耐农业发展有限公司

品种来源　铁头八号是以 1174 为母本，以 1096 为父本杂交选育而成。其中，母本 1174 是以引自韩国的绿球为基础材料，经连续自交 7 代选育而成的自交不亲和系；父本 1096 是以引自日本的珍奇为基础材料，经连续自交 6 代选育而成的自交不亲和系。

农艺性状　子叶绿色，下胚轴浅紫色。株型半开展，株高极矮，开展度小，外茎长度中。外叶倒卵圆、长度短、宽度中，外叶叶尖形状平，外叶绿色，外叶颜色深度中、无花青素，叶片数目多、蜡粉中，叶缘波状少、波状小、缺刻有、有反曲、叶面波纹弱、叶面凸起中、凸起小，叶柄长度短、叶柄形状圆。叶球椭圆形，叶球基部剖面凸，顶端形状平，叶球包叶数 3、球色深度中，叶球外露性中，叶球完全覆盖，叶球质量大，叶球纵径中、横径中、最大横径位于中部、中心柱长、横径窄，叶球内浅黄色、深度浅，叶球内结构细密，叶球紧实度紧，叶球无花茎，极不易裂球，叶球熟性中。

抗性表现　抗逆性强，耐裂球，抗黑腐病。

适宜区域　华北、西北春秋以及高山夏季栽培。

铁头八号叶球　　　　近似品种

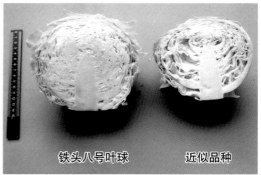

铁头八号叶球　　　　近似品种

黄 瓜

中农 26 号

品种权号　CNA20080387.5
授　权　日　2013 年 5 月 1 日
品种权人　中国农业科学院蔬菜花卉研究所

品种来源　中农 26 号是以优良自交系 02484 为母本，自交系 04348 为父本配制的黄瓜一代杂种。

审定情况　晋审菜（认）2010009、京品鉴瓜 2012016

农艺性状　中熟普通花性杂交种。生长势强，分枝中等，叶片深绿色、颜色均匀。主蔓结果为主，回头瓜多。早春第一雌花始于主蔓第 3 ～ 4 节，节成性高。瓜色深绿、亮，腰瓜长约 30 cm，瓜把短，瓜粗 3 cm 左右，心腔小，果肉绿色，商品瓜率高。刺瘤密，白刺，瘤小，无棱，微纹，质脆味甜。持续结果及耐低温弱光、耐高温能力突出。

品质测定　维生素 C 含量为 11.2 mg/100g，干物质 5.70%，总糖 2.18%，可溶性固形物 4.6%。

抗性表现　综合抗病性强。抗白粉病、霜霉病、WMV、ZYMV，中抗枯萎病、CMV 等。

产量表现　可达 150 000 kg/hm^2。

适宜区域　华北、东北地区日光温室越冬长季节栽培，也适合北方地区秋冬茬、冬春茬日光温室以及塑料大棚栽培。

中农 26 号瓜条

中农 29 号

品种权号　CNA20080388.3
授　权　日　2013 年 5 月 1 日
品种权人　中国农业科学院蔬菜花卉研究所

品种来源　中农 29 号是以 151G 为母本、雌性系 0559G 为父本配制的黄瓜一代杂种。

审定情况　晋审菜（认）2010008

农艺性状　雌型杂种一代。长势和分枝性强，顶端优势突出，节间短粗。第一雌花始于主蔓 1 ～ 2 节，其后节均为雌花，连续坐果能力强。瓜短筒形，绿色、均匀，瓜长 13 ～ 15 cm，表面光滑。单瓜质量 80 ～ 100 g，口感脆甜，风味好。丰产。

品质测定　维生素 C 含量为 13.9 mg/100g，干物质 5.16%，总糖 2.25%，可溶性固形物 4.8%。

抗性表现　抗黑星病、枯萎病、白粉病、霜霉病和 CVYV。

产量表现　一般在 150 000 kg/hm^2 以上。

适宜区域　各类保护地栽培。

中农 29 号植株

吉杂九号

品种权号　CNA20080449.9
授 权 日　2013 年 5 月 1 日
品种权人　吉林省蔬菜花卉科学研究院

　　品种来源　吉杂九号是以引自吉林省九台县的白玉经自交 6 代选育的 7313-1213 为母本，以引自吉林省榆树市的小青瓜经自交 6 代选育出的 04-196-1-1-1-m-m-m 为父本杂交选育而成。

　　审定情况　吉登菜 2007001

　　农艺性状　种子大小中，子叶形状宽阔，子叶有苦味，下胚轴长度长，分枝性弱。叶片形状心形五角，叶片小，叶片浅绿色。第一雌花节位低，雌花节率低，强雌型，收获始期早。瓜条圆筒形，瓜条长度短，瓜横径中，果形指数小，瓜把短，商品瓜皮白绿色，瓜中部有明显黄线，瓜条表面无斑块，瓜棱浅，瓜瘤数量稀疏，瓜瘤小，瓜刺稀疏，瓜刺黑色，种瓜黄色。

　　抗性表现　耐热性中等，耐寒性强。中抗霜霉病、白粉病、细菌性角斑病、黑星病、疫病、炭疽病、高抗枯萎病。

　　适宜区域　吉林省各地区、黑龙江省和辽宁省的部分地区均可栽培，属早春保护地或早春露地兼用型品种。

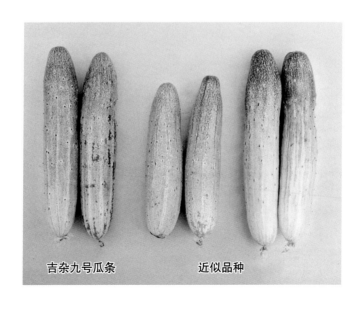

吉杂九号瓜条　　　　　近似品种

普通番茄

交杂 1 号

品种权号　CNA20080398.0
授　权　日　2013 年 5 月 1 日
品种权人　上海交通大学

品种来源　交杂 1 号是以自交系 101-2 为母本，以自交系 88-1 为父本杂交选育而成。其中，母本 101-2 是以日本高农交配为原始材料，利用花药培养技术获得 58 个株系，又通过 SSR 标记检测和性状筛选获得早熟、果形好、品种好的单株，此后经过自交一代选育而成；父本 88-1 是以日本小黄品种为原始材料，通过单子传代法经连续自交 6 代选育而成。

农艺性状　无限生长型，幼苗下胚轴有花青甙显色，植株主茎第一花序着生节位数中，叶姿态半直立。复叶长度长、宽度中、二回羽状复叶。花序类型中间型，花梗有离层。果柄短，果实极小到小，果实纵径、横径比率大，果实纵切面椭圆形，2 ～ 3 心室，果实无绿肩，果实成熟前果面绿色程度浅，成熟果实黄色，果肉黄色，果实成熟期中。

适宜区域　全国范围内种植。

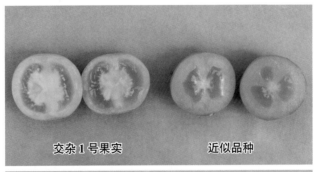

交杂 1 号果实　　　　　　近似品种

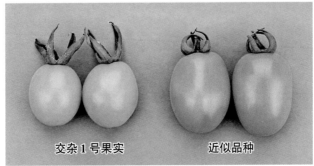

交杂 1 号果实　　　　　　近似品种

金冠七号

品种权号　CNA20080591.6
授 权 日　2013 年 5 月 1 日
品种权人　辽宁省农业科学院

品种来源　金冠七号是以自交系 06-461 为母本，以自交系 06-381 为父本杂交选育而成。其中，06-461 是以 L-402 的母本 83-72-6-3 为母本，以百利一号的 F_2 代 04-113 为父本杂交后，经过自交 5 代选育而成；父本 06-381 是以中杂九号生产田中发现的变异株 01-136 为母本，以 L-403 繁种田中发现的变异株 01-137 为父本杂交后，经连续自交 8 代选育而成。

农艺性状　无限生长类型，幼苗下胚轴有花青甙显色，植株主茎第一花序着生节位数少，植株高度高，叶姿态半下垂，植株蔓生。复叶长度中、宽度中、二回羽状、小叶大小中，叶绿色程度浅，小叶叶柄相对主轴姿态水平。单式花序为主、无簇生、黄色，花梗有离层。果柄长度中，果实大小中到大，纵径与横径比率小，纵切面扁圆形，棱弱，横切面圆形，果梗洼大小大、木栓化大小中、凹陷程度中，果皮无色，果脐大小中，果脐端形状圆平，横切面果心小，果肉厚度中，4～6 心室，无绿肩，成熟前果面绿色程度浅，成熟果实粉红色，果肉红色，胎座胶状物绿色，果实软。开花期早，结果期中。

适宜区域　辽宁省、山东省、河北省、吉林省、黑龙江省等北方省区春季及秋季保护地中种植。

金冠七号果实　　　　　　近似品种

茄 子

黔茄2号

品种权号　CNA20080464.2
授 权 日　2013年5月1日
品种权人　贵州省园艺研究所

品种来源　黔茄2号是以自交系安3-1为母本，以自交系屯-5为父本杂交选育而成。其中，母本安3-1是以安徽紫长茄中发现的自然变异株为基础材料，经自交5代选育而成；父本屯-5是以贵州兴义长茄中发现的自然变异株为基础材料，经自交4代选育而成。

审定情况　黔审菜2006003号

农艺性状　早熟，定植到采收门茄58天，第9节着生第一朵花，生长势较强，株型较紧凑，平均株高约97 cm，抗倒伏。果实长棒形，紫红色，有光泽，果实长约23 cm，果实横径5.7 cm，单果重200 g左右。单株平均结果数11.5个。果肉白色，肉质细嫩，品质优良。

抗性表现　较抗绵疫病及褐纹病。

产量表现　一般在4 000 kg/亩以上。

适宜区域　贵州省内的黔中、黔北、黔东南、黔西南、黔南、安顺地区，毕节地区及六盘水市的低、中海拔地区以及省外适宜种植茄子的地区。

黔茄2号植株

辣椒属

云椒2号

品种权号　CNA20080673.4
授权日　2013年5月1日
品种权人　云南省农业科学院

品种来源　云椒2号是以巴真牛角椒2号株系为母本，以小羊角2号株系为父本杂交选育而成。其中，母本巴真牛角椒2号株系是以引自泰国的地方品种巴真牛角椒为基础材料，经连续自交两代选育而成；父本小羊角2号株系是以小羊角椒为基础材料，经连续自交两代选育而成。

农艺性状　干鲜两用型品种，鲜食为主，制干亦佳。中早熟，生长势及分枝性强，株高60～80 cm，开展度45 cm×60 cm。果实长羊角形，青熟果绿色，老熟果深红色，果长15～18 cm，横径1.6 cm，单果重15～20 g，微辣。

抗性表现　高抗病毒病及疫病。

产量表现　一般亩产3 500～4 000 kg。

适宜区域　鲜椒或喜欢大果干椒类型的地区栽培。

云椒2号田间群体

菜　豆

中杂芸 15

品种权号　CNA20080758.7
授 权 日　2013 年 5 月 1 日
品种权人　隆化达旺绿色农业发展有限公司

品种来源　中杂芸 15 是以新泰 98-1 为母本，以 WB6-3-1 为父本杂交后，经自交 9 代选育而成。其中，母本新泰 98-1 是在泰国架豆中选择的偏早熟单株后代；父本 WB6-3-1 是先从河北隆化农家种五月鲜为基础材料提纯复壮选育出的达旺98-5，再从达旺 98-5 变异后代中选出的混选系。

农艺性状　蔓生植株，下胚轴无花青甙显色，抽蔓始期中，抽蔓速度快。叶片绿色程度中，叶面凹凸程度中，顶端小叶大、菱形、长度长。开花期中，花苞叶大小中。花旗瓣白色，花翼瓣白色。软荚，荚长度长、宽度窄，荚横切面形状心形，荚厚宽比中，荚基色绿、无斑纹，荚腹缝线无纤维，荚弯曲度极弱，荚末端形状尖至钝，荚喙长度短，荚喙弯曲度中，荚表面质地光滑至轻度粗糙，荚干燥时收缩性中。种子百粒重中到重，种子弯曲度弱，种子纵切面肾形，种子横切面宽椭圆形、宽度窄到中。种皮单色，基色棕黄，种子脐环色与种子相同。

适宜区域　大部分地区春秋露地及保护地栽培。

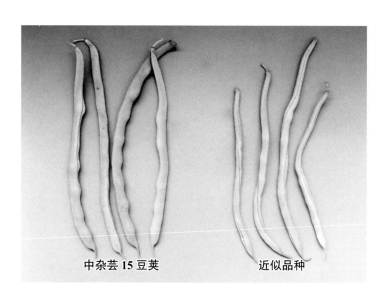

中杂芸 15 豆荚　　　　　　　近似品种

西葫芦

崇金1号

品种权号	CNA20080438.3
授权日	2013年5月1日
品种权人	上海市崇明县蔬菜科学技术推广站

品种来源 崇金1号是以崇明金瓜品种的短蔓变异株505为母本，以从台湾引种分离而成的TW2211为父本，经杂交选育而成的矮生型金瓜品种。

审定情况 沪农品认蔬果2006第23号

农艺性状 植株矮生，早熟，全生育期85天，雌花开放至果实成熟35～38天，喜光、喜温、耐湿，但不耐高温。植株生长势强，主蔓长46～48cm，叶片较大，叶色浓绿，第一雌花着生在7～9节，以后每隔2～3节出现雌花，果实椭圆形、纵径24～25cm，横径16～18cm，果皮黄色，单果重2～3kg。

品质测定 瓜丝粗2.6mm，色泽黄色，口感脆嫩，成丝率26%～28%。

抗性表现 抗炭疽病，中抗病毒病、白粉病。

产量表现 40 000～50 000kg/hm^2。

适宜区域 全国各地作为保护地高密度早熟栽培和春秋露地栽培，或插种于幼年林果树间。

崇金1号田间群体

崇金1号果实

非洲菊

紫衣皇后

品种权号　CNA20090848.3
授 权 日　2013 年 5 月 1 日
品种权人　云南省农业科学院花卉研究所

　　品种来源　紫衣皇后是以荷兰商业品种多利为母本，以妃子为父本杂交后，选择优良单株的花蕾，通过组培扩繁而成。

　　农艺性状　叶长中等，叶宽中等，叶片疱状突起稠密。花梗长度中等，花梗基部花青甙显色强度中等。半重瓣花序，花序直径中到大，内轮苞片末梢无花青甙显色，外瓣长椭圆形、长度中到长、宽度中到宽、紫红色、白色花边、黑色花心，舌状花冠单色。花柱末梢部分主要为白色，冠毛顶部颜色与下部相同。

　　抗性表现　抗病性强。

　　产量表现　一般为 12 万支 /（亩·年）。

　　适宜区域　温带和亚热带地区作保护地栽培。

紫衣皇后的花

红极星

品种权号　CNA20090849.2
授 权 日　2013 年 5 月 1 日
品种权人　云南省农业科学院花卉研究所

品种来源　红极星是以红艳为母本，以红日为父本杂交后，选择优良单株的花蕾，通过组培扩繁而成。其中，父母本均为源自荷兰的商业品种。

农艺性状　叶长中到长，叶片宽，叶片疱状突起稀疏。花梗长度中到长，花梗基部花青甙显色强度强。半重瓣花序，花序直径中等，内轮苞片末梢无花青甙显色，外瓣倒披针形、长度中等、宽度宽、深红色、花心绿色、舌状花冠单色。花柱末梢部分主要为白色，冠毛顶部颜色与下部相同。

产量表现　一般为 12 万支 /（亩·年）。

适宜区域　温带和亚热带地区作保护地栽培。

红极星的花

彩云金花

品种权号　CNA20090850.8
授　权　日　2013 年 5 月 1 日
品种权人　云南省农业科学院花卉研究所

品种来源　彩云金花是以水粉为母本，以一点红为父本杂交后，选择优良单株的花蕾，通过组培扩繁而成。其中，父母本均为引自国外的商业品种。

农艺性状　叶长短到中，叶宽中等，叶片疱状突起中等。花梗长度中等，花梗基部花青甙显色强度强。半重瓣花序，花序直径中到大，内轮苞片末梢无花青甙显色，外瓣长椭圆形、长度中到长、宽度中等、粉红色、花心绿色，舌状花冠单色。花柱末梢部分主要为白色，冠毛顶部颜色与下部相同。

产量表现　一般为 13 万支 /（亩·年）。

适宜区域　温带和亚热带地区作保护地栽培。

彩云金花的花

秋 日

品种权号　CNA20090851.7
授 权 日　2013 年 5 月 1 日
品种权人　云南省农业科学院花卉研究所

　　品种来源　秋日是以引自意大利的商业品种红帽子为母本，以冬日为父本杂交后，选择优良单株的花蕾，通过组培扩繁而成。

　　农艺性状　叶长中到长，叶宽中等，叶片疱状突起弱到中等。花梗长度中等，花梗基部花青甙显色强度强。半重瓣花序，花序直径中等，内轮苞片末梢有花青甙显色，外瓣倒披针形、长度中到长、宽度中等、橙色、花心黑色、舌状花冠单色。花柱末梢部分主要为黄色，冠毛顶部颜色比下部深。

　　产量表现　一般为 11 万支 /（亩·年）。

　　适宜区域　温带和亚热带地区作保护地栽培。

秋日的花

彩云明珠

品种权号　CNA20090852.6
授　权　日　2013 年 5 月 1 日
品种权人　云南云科花卉有限公司

品种来源　彩云明珠是以水粉为母本，以一点红为父本杂交后，选择优良单株的花蕾，通过组培扩繁而成；其中，父母本均为引自国外的商业品种。

农艺性状　叶长中到长，叶宽中等，叶片疱状突起弱。花梗长度长，花梗基部花青甙显色强度中等。半重瓣花序，花序直径中等，内轮苞片末梢无花青甙显色，外瓣倒披针形、长度中等、宽度窄到中等、紫粉色、花心绿色，舌状花冠单色。花柱末梢部分主要为白色，冠毛顶部颜色与下部相同。

产量表现　一般为 12 万支 /（亩·年）。

适宜区域　温带和亚热带地区作保护地栽培。

彩云明珠的花

梦幻夜郎

品种权号　CNA20090853.5
授 权 日　2013 年 5 月 1 日
品种权人　云南云科花卉有限公司

品种来源　梦幻夜郎是以阳光海岸为母本，以安东尼为父本杂交后，选择优良单株的花蕾，通过组培扩繁而成。其中，父母本均为引自荷兰的商业品种。

农艺性状　叶长短到中，叶宽窄到中，叶片疱状突起中等。花梗长度中等，花梗基部花青甙显色强度浅。单瓣花序，花序直径中等，内轮苞片末梢无花青甙显色，外瓣长椭圆形、长度短到中等、宽度中等、黄色、花心黑色、花心边缘有红晕，舌状花冠单色。花柱末梢部分主要为黄色，冠毛顶部颜色与下部相同。

产量表现　一般为 12 万支 /（亩·年）。

适宜区域　温带和亚热带地区作保护地栽培。

梦幻夜郎的花

花烛属

瑞恩 200403

品种权号　CNA20080719.6
授　权　日　2013 年 5 月 1 日
品种权人　荷兰瑞恩育种公司

品种来源　瑞恩 200403 是以 100 为母本，以 85 为父本杂交后，通过组织培养建立的无性系。

农艺性状　植株大小中，叶片长度短，叶片宽度中，叶片卵形、有圆裂片，叶片圆裂片的相对位置向上弯曲但不接触，叶片先端形状窄急尖，叶片上表面深绿色、凹陷程度无或极弱，叶柄长度短，叶片与叶柄夹角近直角。花梗长度短到中，花梗粗细中，花梗中间部分绿色深浅中，花梗花青素着色弱。佛焰苞与叶片的相对位置等高、大小中到大、阔卵形、有圆裂片，佛焰苞圆裂片的相对位置平展但不接触，佛焰苞先端形状钝角、尖端形状阔急尖、表面主色暗红色光泽度中、凹陷程度无或极弱、中心部位横切面凹，佛焰苞与花梗的夹角近直角。肉穗花序与佛焰苞凹缺处的距离极短，肉穗花序长度中、中间部分粗，肉穗花序无旋转或极弱、直立、顶端变细程度中。花粉囊即将开裂时基部主要为紫色，先端主要为绿色；初开裂时基部主要为紫色、先端的主要为绿色。

适宜区域　基本用于保护地栽培，可以适合所有具备保护设施的地区栽培使用。

瑞恩 200403 植株